空调负荷计算新方法

陈友明　宁柏松　著

中国建筑工业出版社

图书在版编目（CIP）数据

空调负荷计算新方法 / 陈友明，宁柏松著. -- 北京 ：
中国建筑工业出版社，2024. 11. （2025. 2 重印）-- ISBN 978-7-112
-30563-6

Ⅰ. TU831. 2

中国国家版本馆 CIP 数据核字第 2024PL8017 号

责任编辑：武　洲　齐庆梅
责任校对：赵　力

空调负荷计算新方法
陈友明　宁柏松　著
*
中国建筑工业出版社出版、发行（北京海淀三里河路 9 号）
各地新华书店、建筑书店经销
北京红光制版公司制版
北京中科印刷有限公司印刷
*
开本：787 毫米×960 毫米　1/16　印张：7　字数：109 千字
2024 年 11 月第一版　2025 年 2 月第二次印刷
定价：**66. 00** 元
ISBN 978-7-112-30563-6
（43832）

内容简介

本书介绍了空调负荷计算方法发展历史与现状、负荷计算设计日生成方法、房间得热计算方法，同时重点介绍了全空气系统空调负荷计算新方法——辐射时间序列方法，以及快速响应辐射供冷系统负荷计算新方法——辐射对流时间序列方法，并给出了应用这两种新方法必需的基础数据：我国常用外墙和屋面周期响应系数和传导时间系数、全空气系统的辐射时间系数和快速响应辐射供冷系统的辐射与对流时间系数等，并通过算例演示了如何应用这两种方法计算空调负荷。

本书既可作为建筑环境与能源应用工程，供热、通风及空调工程，建筑物理和建筑技术等专业相关课程的教材或参考书，也可供这些专业从事科学研究、工程设计和软件开发的技术人员参考。

前　言

空调负荷计算很久没被业界深入讨论了，目前依然存在许多值得深入探讨的问题。冷负荷计算是空调系统设计绕不开的关键环节。冷负荷计算的准确性，既影响空调系统的建设成本，又影响空调系统的能效、运行成本和室内热舒适性。随着建筑能耗模拟技术的快速发展，操作建筑能耗模拟软件逐渐成为暖通空调工程专业研究生乃至工程设计人员的重要技能之一。建筑能耗模拟软件可同时开展负荷计算和能耗模拟，且功能更加全面，似乎可以完全取代传统的负荷计算工作。然而，建筑能耗模拟软件一般以房间热平衡模型为基础，未能清晰地描述房间各类得热量到冷负荷的转化过程，同时其输出结果仅为房间的总冷负荷，无法确定墙体传热、太阳辐射、室内热源等各类得热在总负荷中的所占份额。此外，能耗模拟软件需要复杂的迭代计算，加之输入与输出参数较多，熟练准确地应用能耗模拟软件并非易事。与之相比，以房间传递函数为基础的空调负荷计算，可单独分析不同扰量对冷负荷的影响，且具有物理过程清晰和简单易用等特点，这也是工程设计工作中所需要的。因此，从工程应用角度来看，即使在建筑能耗模拟软件逐渐完善的今天，空调负荷计算方法仍有很大的应用空间。

随着空调技术的发展和精细化设计需求的提高，负荷计算的准确性更加完善，适用范围也不断拓展。负荷计算方法的准确性取决于室内外设计参数取值的准确性和负荷计算方法的准确性。近年来，室外气象数据不断丰富，室内热源的统计数据也逐渐细化，但由于未考虑室外气象参数同时发生性等因素的影响，室内外设计参数取值方法尚未得到有效的改进和完善。与室内外设计参数取值方法相比，负荷计算方法近 50 年取得了长足的进步和发展。从早期的稳态计算方法到热平衡计算方法和辐射时间序列计算方法，房间得热转化为冷负荷的机理阐明得愈来愈清晰，计算方法的准确性也得到大幅提高。然而，我国的空调冷负荷计算依然面临着诸多挑战。我国暖通空调设计规范里采用的负荷计算方法依然是 20 世纪 80 年代建立的冷负荷系数法。时间已过去近半个世纪，相关规范并没有根据计算方法的发展进行相应的修订和完善。究其原因，是没有适用于我国建筑特征的基础数据，例如，按房间特征分类的辐射时间系数等数据。在负荷计算方法的适用范围上，传统空调负荷计算方法假设房间得热量均以对流形式转化为冷负荷，不符合辐射供冷系统的换热机理且不能满足工程设计需求。我国目前尚没有合适的负荷计算方法能被辐射供冷系统的规范或标准采纳。

本书作者团队对建筑特征进行分类，开发了辐射时间序列方法所需的外墙、屋面周期响应系数和辐射时间系数等基础数据；针对辐射供冷系统冷负荷计算问题提出辐射对流时间序列方法，对建筑特征进行分类，开发了辐射对流时间序列系数基础数据，以促进先进的负荷计算方法在我国的应用，为辐射系统提供准确的负荷计算方法，提高空调系统设计冷负荷计算的准确性，进而提升空调系统的精细化设计水平。

本书结合作者团队的研究成果，介绍空调负荷计算新方法——辐射时间序列方法和辐射对流时间序列方法，以及其在我国建筑空调系统设计应用中所需的辐射时间系数和辐射对流时间系数等基础数据。全书共5章。第1章绪论，介绍空调负荷计算方法的发展历程及我国空调负荷计算方法的应用现状。第2章介绍设计负荷计算的室内外计算参数及3种设计日生成方法。第3章介绍房间各种外扰和内热源得热的计算方法。第4章介绍辐射时间序列方法，给出了辐射时间序列的房间分类和各类房间的代表性辐射时间系数，并以算例形式演示了应用辐射时间序列方法计算全空气系统冷负荷的过程；同时介绍辐射时间序列方法在预埋管系统冷负荷计算中的拓展应用。第5章介绍计算快速响应辐射供冷系统冷负荷的辐射对流时间序列方法，给出了辐射对流时间序列的房间分类和各类房间的代表性辐射对流时间系数，并以算例形式演示了应用辐射对流时间序列方法计算辐射供冷系统冷负荷的过程。

本书的研究工作得到了国家自然科学基金项目（52130802、51808505）的资助。博士生张新超、任婧参与了本书部分内容的撰写工作。

由于作者水平有限，书中难免有不足之处，敬请读者批评指正。

2024年6月

目　录

第1章　绪　　论

空调设计负荷计算是计算建筑空调系统在设计工况下的冷负荷或设计日的峰值冷负荷，用以确定空调系统的设备容量、系统参数及控制方案。设计负荷计算的准确性对空调系统的建造和运行成本、室内人员热舒适与工作效率及建筑能效等有重要影响。发展和完善空调设计负荷计算方法，对保障空调设计负荷计算的准确性，实现空调系统精细化设计，合理降低空调系统投资和运行成本，提高空调系统运行能效，降低建筑能耗和碳排放具有重要意义。

1.1　空调负荷计算方法发展历史

空调负荷计算方法的产生和发展，是与空调技术的发展水平和应用需求相适应的。空调设计负荷计算方法的发展经历了以下3个历史时期。

1.1.1　稳态传热计算时期

在空调技术诞生初期，人们对空调负荷的认识相当粗浅，而且空调负荷计算方法受到计算技术制约。这个时期采用稳态方法计算非透明墙体和屋面的传导得热。在空调设计负荷计算中并没有区分房间的得热和房间冷负荷，直接把稳态传导得热当作房间冷负荷。

1.1.2　准稳态传热计算时期

这一时期以用准稳态方法计算围护结构周期性传热为特征，建立的空调负荷计算方法有当量温差方法和蓄热负荷系数方法。

（1）当量温差方法

20世纪40年代，空调技术进入较为成熟的发展时期。空调设计负荷计算也由稳态传热计算发展到周期性准稳态传热计算。Mackey等[1,2]分别于1944年和1946年提出墙体准稳态周期热流计算方法。该方法采用室外综合温度（sol-air temperature）来描述空气和太阳辐射对建筑的综合传热过程，并沿用至今。Stewart[3]根据Mackey等人的工作，于1948年提出了空调冷负荷计算方法——当量温差（equivalent temperature difference，ETD）法。该方法采用表格化方式计算由非透明墙体和屋顶传入室内的显热得热，ASHVE指南（1951）[4]和ASHRAE❶指南与数据手册（1961）[5]采用了该方法。1952年，苏联什克洛维尔提出了计算墙体准稳态传热的谐波反应法[6]。当量温差法和谐波反应法考虑了墙体在周期性外扰作用下准稳态传热的周期性，但并没有考虑房间内部辐射得热转化为冷负荷的转换过程。这两种方法未能区分房间得热量、冷负荷和除热量三者的不同，直接把房间的瞬时得热当作瞬时冷负荷，致使这一时期设计的空调系统设备容量偏大。ASHRAE基础手册（1967）[7]中引入时间平均概念，提出了总当量温差/时间平均（total equivalent temperature difference/time-averaging，TETD/TA）法。在TETD/TA中，对流得热直接成为冷负荷，通过时间平均将前几个小时的辐射得热转化为冷负荷。

（2）蓄热负荷系数方法

1965年，美国开利空调公司在《空调系统设计手册》中提出了蓄热负荷系数（storage load factor，SLF）法[8]。蓄热负荷系数法用ETD法计算非透明墙体和屋面的传导得热，但采用了蓄热负荷系数计算透过窗户的辐射、人体和室内设备散发的辐射被室内壁面和家具吸收后，又逐渐转化而成的冷负荷，即用蓄热负荷系数与已计算出的透过窗户的太阳辐射热及人体、灯光等得热，得到空调冷负荷。该手册还将蓄热负荷系数值分别按照建筑的朝向、纬度、空调系统运行时

❶ ASHRAE：American Society of Heating，Refrigerating and Air-Conditioning Engineers，美国供热、制冷与空调工程师学会。

间、开灯时间及室内温度变化等情况制成表格。

1.1.3　动态负荷计算时期

这一时期以用动态方法计算围护结构传热为主要特征，并逐步完善房间得热转化为冷负荷的计算方法。建立的负荷计算方法有传递函数法、冷负荷温差/冷负荷系数法、热平衡方法和辐射时间序列法。

（1）传递函数方法

1967年，Stephenson和Mitalas[9]提出了求解非透明墙体和屋面动态热传递的响应系数法，并采用三角波函数进行离散，计算精度更高。响应系数法的提出揭开了动态负荷计算的序幕。继响应系数法提出之后，Stephenson和Mitalas[10]于1971年又提出了求解墙体和屋面动态热传递的z传递函数法（transfer function method，TFM）。第二年，ASHRAE（1972）基础手册列出了美国41组墙体和42组屋面的传递函数系数[11]，并引入房间传递函数（room transfer functions，RTF；又称权系数weighting factors，WF）确定房间峰值冷负荷。后来，Harris和McQuiston[12]又补充计算了更多墙体和屋面的传递函数系数。TFM用室外综合温度和传递函数系数计算墙体和屋面的传导得热，用太阳冷负荷权系数、传热冷负荷权系数、照明冷负荷权系数、人员/设备冷负荷权系数分别计算得到太阳辐射得热、传导得热和室内热源得热转化所形成的房间冷负荷。应用TFM时，需要在数据库中选取最接近的墙体和屋面类型号，获得其传递函数系数。如果数据库中没有接近的墙体和屋面类型，若不另外计算墙体或屋面的传递函数系数，计算结果会有较大误差。同时，传热计算的准确性取决于传递函数系数的准确性。相比于响应系数法，传递函数法用更少的输入数据和更少的计算资源来获得良好的准确性。

（2）冷负荷温差/冷负荷系数方法

1975年，Rudoy和Duran[14]提出了冷负荷温差/冷负荷系数（cooling load temperature difference/cooling load factors，CLTD/CLF）方法简化TFM的冷负荷计算过程[13]。ASHRAE将其编入1977年的基础手册中。1988年，Sowell[15]又对

CLTD/CLF 方法进行了改进。1992 年出版的《冷热负荷计算手册》详细介绍了 CLTD/CLF 方法[16]。1993 年，Spitler[17] 引入太阳冷负荷（solar cooling load, SCL）改进通过窗户的太阳辐射得热计算，将 CLTD/CLF 方法提升为冷负荷温差/太阳冷负荷/冷负荷系数（CLTD/SLC/CLF）法。当年 CLTD/SLC/CLF 方法被编入了 ASHRAE 基础手册（1993）[18]，对墙体和屋面进行重新分组，分组后的墙体和屋面组数从 41 组和 42 组分别减少为 16 组和 10 组，采用遮阳系数（shading coefficient, SC）计算通过窗户的太阳辐射得热。与 TFM 类似，CLTD/SLC/CLF 方法需要确定墙体和屋面相近的组号，从表格中查得一天的冷负荷温差数值用于计算墙体和屋面的传导得热。通过一系列的人员、灯光、设备的冷负荷系数，计算人员、灯光、设备的辐射得热转化的冷负荷，通过一系列的太阳冷负荷系数，计算出玻璃窗传递的太阳辐射得热所引起的房间冷负荷。相较于 TFM，CLTD/SLC/CLF 方法计算简单、易于使用，但计算准确性较差。

（3）热平衡方法

热平衡方程早期用于能源仿真程序中的能耗模拟计算。1997 年，Pedersen[19] 等人在项目 ASHRAE RP－875 研究报告中详细描述了计算冷负荷的热平衡方法（heat balance method, HBM）。该项目的研究使得热平衡方法成为完整的、可应用的冷负荷计算方法[10]。热平衡方法是目前空调冷负荷计算中一种准确且基础的方法，它不引入基于变换的方法，直接求解问题，较好地解决了辐射在室内各表面间吸热和放热过程的计算问题。从 2001 年开始，ASHRAE 已连续将热平衡方法作为推荐的空调冷负荷计算方法编入其基础手册中[20－25]。热平衡方法的冷负荷计算原理如图 1.1 所示。通过建立房间各内外表面、墙体导热和空气侧的热平衡方程，迭代求解每个时刻的冷负荷。其假设条件有：①房间空气充分混合；②每个表面温度均匀一致；③长波辐射和短波辐射发射率相同；④表面视为灰体；⑤导热是一维的；⑥进入室内的太阳短波辐射按房间内表面面积权重分配。房间内表面热平衡有 6 个热分量：计算面与周围围护结构表面的长波辐射、计算面与灯光的短波辐射、计算面与室内热源之间的长波辐射、计算面吸收的太阳短波辐射、计算面与室内空气之间的对流换热以及传导到计算面的围护结构传导热。可见，热平衡方法计算房间内表面负荷时，考虑了室内外所有的换热过程。值得注意的是，围护结构每一内外表面都需要重复图 1.1 中虚线框内的计算过程。

热平衡方法计算时需要输入详细的参数，进行复杂的迭代计算和同时求解，计算过程比较复杂，迭代计算时间长。同时，热平衡方法的最终输出结果为房间总的冷负荷，无法求解分项负荷，因而不便于设计人员开展分项负荷分析。

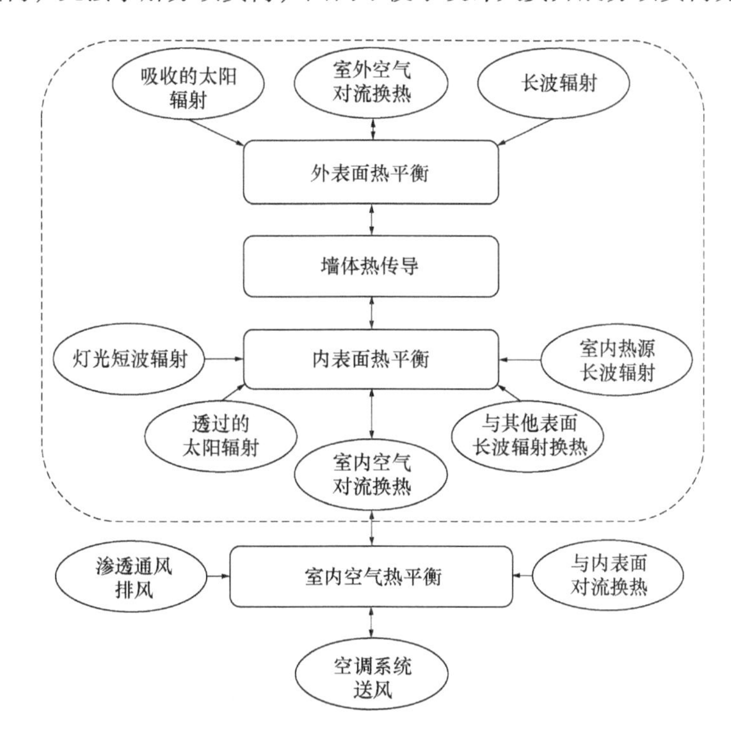

图 1.1　热平衡方法冷负荷计算原理[20-25]

（4）辐射时间序列方法

不管是传递函数方法还是热平衡方法，在进行负荷计算时需要进行反复迭代计算，计算时间较长。ASHRAE 负荷计算数据与程序技术委员会（Technical Committee，TC 4.1）希望开发出一种不需要迭代而又准确的空调设计负荷简化计算方法。1997 年，Spitler 等[26]根据计算设计负荷时“气象参数周期性地作用于建筑围护结构”这一假设条件，提出了辐射时间序列方法（radiant time series method，RTSM）。RTSM 是目前最新的设计冷负荷简化计算方法，也是对过去的简化计算方法的改进和完善。RTSM 用周期响应系数（periodic response factors，PRFs）计算非透明墙体和屋面的传导得热，用辐射时间序列（radiant time series，RTS）将房间当前得热的辐射部分转化为当前和后续各时刻的冷负荷，将当前得热的对流部分直接转化为当前时刻的冷负荷，不再需要对传导得热和冷负荷进行迭代求解。从 2001 年开始，ASHRAE 将辐射时间序列方法作为推荐的空调设计负荷计算方法编入其基础手册中，手册中分别列出了 18 组房间类型的非太阳辐射时间序列（non-solar radiant time series，non-solar RTS）值与太阳辐射时间序列（solar radiant time series，solar RTS）值，以及 6 组内区房间类型的非太阳辐射时间序列值[20-25]。Spitler[27] 用 ASHRAE 数据库中墙体和屋面的传递函数系数计算出墙体和屋面的周期响应系数，用墙体和屋面的周期响应系数除以墙体和屋面的 U 值，给出了无量纲的墙体和屋面传导时间序列（conduction time series，CTS）值。RTSM 用与太阳入射角有关的太阳得热系数（solar heat gain coefficients，SHGC）取代遮阳系数（shading coefficient，SC）计算透过玻璃窗的太阳辐射得热。Nigusse 等[28] 引入室内衰减系数（indoor attenuation coefficients，IAC），考虑内遮阳对透过玻璃窗的太阳辐射得热转化为冷负荷的影响。ASHRAE 在基础手册中列出了 66 组墙体和 27 组屋面的传导时间序列值和各种玻璃窗户有遮阳时室内衰减系数值[25]。

在计算墙体和屋面的传导得热时，与 RTSM 不同的是，TFM 用传导传递函数计算围护结构传导得热，用房间传递函数（权系数）计算得热向冷负荷的转化；相同的是，TFM 和 RTSM 都要求用户从手册或数据库中选择与待设计建筑的墙体或房间最接近的墙体类型或房间类型的计算数据。

热平衡方法为详细计算方法，传递函数法、冷负荷温差/冷负荷系数法和辐射时间序列法为简化计算方法。从计算过程看，传递函数法、辐射时间序列法均为“两步计算”，即先计算房间得热量，再求解得热量转化为冷负荷的过程；而热平衡方法和冷负荷温差/太阳冷负荷系数/冷负荷系数法均为“一步计算”，即不考虑得热量到冷负荷的具体转化过程，直接计算出冷负荷[29]，如图 1.2 所示。

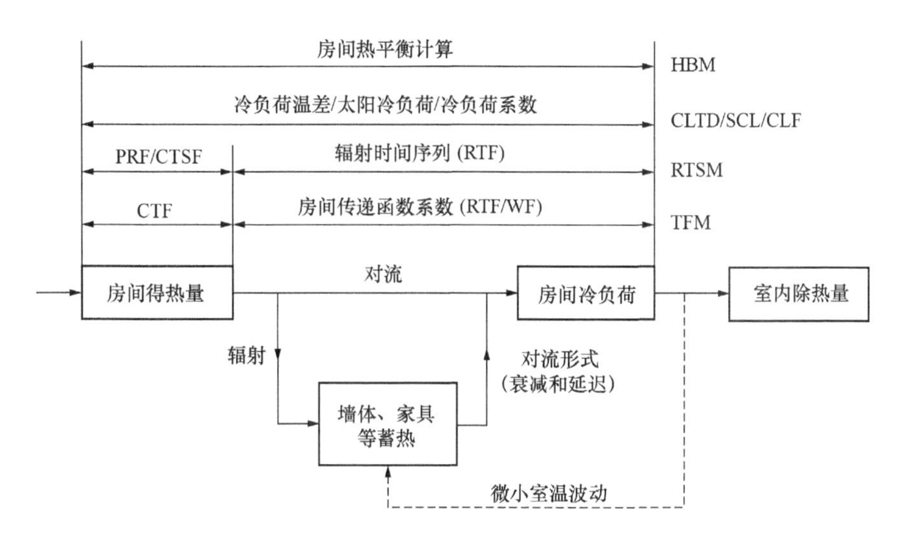

图 1.2　不同动态负荷计算方法对比[29]

我国空调负荷计算方法从借鉴和学习国外方法到形成统一规范的方法，经历了3个发展时期。新中国成立之初到20世纪50年代为稳态负荷计算时期，主要学习苏联的方法，翻译和出版了由苏联捷格恰列夫主编的《空气调节工程》❶。这一时期所采用的是稳态负荷计算方法，方法简单，计算负荷与实际负荷出入较大。20世纪60至70年代前期为准稳态时期，主要以苏联什克洛维尔的谐波法为基础。1965年出版的《采暖通风设计技术措施》❷ 中采用当量温差法计算外墙和围护结构的动态传热量。这一时期采用的方法已有较大进步，但仍没有把得热和负荷这两个不同概念区分开，也没有考虑由窗户进入的太阳辐射热经蓄热后缓慢释放的计算问题[30]。20世纪70年代至今为动态负荷计算时期。为了更好地解决实际工程中空调设计选型偏大的问题，我国在借鉴美国、加拿大、日本等传递函数法、冷负荷系数法的基础上，逐渐形成一套适合我国国情的空调设计负荷计算方法。代表性的工作是1978年我国成立建筑物冷热负荷计算方法研究课题组，着手研究动态负荷计算方法，于1982年确立了我国空调动态负荷计算方

❶ 捷格恰列夫 HB. 空气调节工程［M］. 纺织工业部翻译科 译. 北京：纺织工业出版社，1955.

❷ 建筑工程部北京工业建设设计院. 采暖通风设计技术措施［M］. 北京：中国工业出版社，1965.

法[31]，并沿用至今。这套方法包括气象参数、窗玻璃太阳光学性能、冷负荷系数法、谐波法和供暖负荷5个主要部分。我国现行相关标准规范推荐使用冷负荷系数法[32,33]。以此为基础，国内的空调设计软件主要采用谐波法和冷负荷系数法。已有个别空调设计负荷计算软件采用RTSM计算设计冷负荷。此外，有学者针对间歇空调系统设计负荷计算开展了研究[34]。

1.2　辐射供冷系统设计负荷计算方法的研究现状

辐射供冷系统主要通过辐射换热方式来调节室内环境，与目前主流的对流空调（全空气系统）相比，它可创造更舒适健康的室内环境。研究表明，该系统可减少室内吹风感和局部过冷过热问题，并能避免空调霉菌滋生及回风混合带来的室内空气交叉污染问题。同时该系统节能效果显著，实践表明其比常规空调可节能30%左右[35]。因此，辐射供冷系统在创造良好室内环境和建筑节能方面具有良好的应用前景。但与辐射供暖相比，目前辐射供冷系统在国内外的普及程度不高，其原因是多方面的，其中缺少合适的冷负荷计算方法是制约其推广应用的关键因素之一[36, 37]。

从换热过程看，辐射供冷系统主要通过辐射末端带走室内显热得热，瞬时得热中的辐射部分可以直接被辐射末端吸收转化为冷负荷，对流部分也被房间壁面吸收转化为辐射热而被辐射末端吸收转化成冷负荷。新风系统主要用于处理新风负荷和室内潜热负荷。与全空气系统相比，辐射供冷系统房间得热量转化为冷负荷的方式发生了很大的变化。辐射供冷系统负荷特性研究表明：辐射供冷系统冷负荷计算应与全空气系统不同[36,38, 39]。目前有关辐射供冷系统的标准和手册缺少针对辐射供冷系统设计负荷计算的方法。ASHRAE手册[23,40]、ISO 11855：2016设计标准[41]和我国《辐射供暖供冷技术规程》JGJ 142—2012[33]中对辐射供冷系统的设计仍采用对流空调的冷负荷计算方法。EN 15243—2007标准[42]指出，房间冷负荷计算应根据空调系统和控制方式的不同采用不同的计算方法，但该标准没有给出具体的冷负荷计算方法。缺少适合辐射供冷系统的设计负荷计算方法可能导致设备选型不准确，对室内环境控制效果、建筑能耗及系统经济性产生不利影响。针对辐射供冷系统冷负荷形成的特征，Ning 和 Chen 等[43, 44]提出了计算辐射供冷系统设计冷负荷简化计算方法和辐射对流时间序列方法（radiant and convective time series method，RCTSM），第5章将详细介绍辐射对流时间序列方法。

参考文献

[1] MACKEY C O, WRIGHT L T. Periodic heat flow-homogeneous walls and roofs[J]. ASHVE Transactions 50, 1944: 293-312.

[2] MMACKEY C O, Wright L T. Periodic heat flow-composite walls and roofs[J]. ASHVE Transactions 52, 1946: 283-296.

[3] STEWART J P. Solar heat gain through walls and roofs for cooling load calculations[J]. ASHVE Transactions 54, 1948: 3 61-89.

[4] ASHVE. ASHVE Guide[M]. New York, NY: American Society of Heating and Ventilating Engineers, 1951.

[5] ASHRAE. ASHRAE Guide and Data Book 1961: Fundamentals and Equipment[M]. New York, NY: American Society of Heating, Refrigerating, and Air Conditioning Engineering, Inc., 1961.

[6] 什克洛维尔 A M. 周期性热作用下的传热[M]. 陈在康，蔡祖康，译. 北京：中国建筑工业出版社，1964.

[7] ASHRAE. ASHRAE Handbook of Fundamentals[M]. Atlanta, GA: American Society of Heating, Refrigerating, and Air Conditioning Engineering, Inc., 1967.

[8] Carrier Air Conditioning Company. Handbook of Air-conditioning System Design[M]. New York N Y: McGraw-Hill, 1965.

[9] STEPHENSON D G, MITALAS G P. Cooling load calculation by thermal response factors method[J]. ASHRAE Transactions 73(2), 1967: Ⅲ2. 1-2. 10.

[10] STEPHENSON D G, MITALAS G P. Calculation of heat conduction transfer function for multilayer slabs[J]. ASHRAE Transactions 77, 1971: 117-126.

[11] ASHRAE. ASHRAE Handbook of Fundamentals[M]. Atlanta, GA: American Society of Heating, Refrigerating, and Air Conditioning Engineering, Inc., 1972.

[12] HARRIES S M, MCQUISTON F C. A study to categorize walls and roofs on the basis of thermal response[J]. ASHRAE Transactions 94 (Pt. 2), 1988, 688-715.

[13] RUDOY W, DURAN F. Development of an improved cooling load calculation method[J]. ASHRAE Transactions 81(2), 1975, 19-69.

[14] ASHRAE. ASHRAE Handbook of Fundamentals[M]. Atlanta, GA: American Society of Heating, Refrigerating, and Air Conditioning Engineering, Inc., 1977.

[15] SOWELL E F. Classification of 200, 640 parametric zones for cooling load calculations[J]. ASHRAE Transactions 94(Pt. 2), 1988, 754-77.

[16] McQuiston F C, Spitler J D. ASHRAE cooling and heating load calculation manual[M], 2nd. Atlanta GA: American Society of Heating, Refrigeration and Air - conditioning Engineer, Inc., 1992.

[17] SPITLER J D, MC QUISTON F C, LLIDSEY K L. The CLTD/SCL/CLF cooling load calculation method[J]. ASHRAE Transactions 99(1), 1993, 183-92.

[18] ASHRAE. ASHRAE Handbook of Fundamentals[M]. Atlanta, GA: American Society of Heating, Refrigeration and Air-conditioning Engineer, Inc., 1993.

[19] PEDDRSEN C O, FISHER D E, LIESEN R J. Development of a heat balance procedure for calculating cooling load[J]. ASHRAE Transactions 103(2), 1997, 459-468.

[20] ASHRAE. ASHRAE Handbook of Fundamentals[M]. Atlanta, GA: American Society of Heating, Refrigerating, and Air Conditioning Engineering, Inc., 2001.

[21] ASHRAE. ASHRAE Handbook of Fundamentals[M]. Atlanta, GA: American Society of Heating, Refrigerating, and Air Conditioning Engineering, Inc., 2005.

[22] ASHRAE. ASHRAE Handbook of Fundamentals[M]. Atlanta, GA: American Society of Heating, Refrigerating, and Air Conditioning Engineering, Inc., 2009.

[23] ASHRAE. ASHRAE Handbook of Fundamentals[M]. Atlanta, GA: American Society of Heating, Refrigerating, and Air Conditioning Engineering, Inc., 2013.

[24] ASHRAE. ASHRAE Handbook of Fundamentals[M]. Atlanta, GA: American Society of Heating, Refrigerating, and Air Conditioning Engineering, Inc., 2017.

[25] ASHRAE. ASHRAE Handbook of Fundamentals[M]. Atlanta, GA: American Society of Heating, Refrigerating, and Air Conditioning Engineering, Inc., 2021.

[26] SPITLER J D, FISHER D E. The radiant time series cooling load calculation procedure[J]. ASHRAE Transactions 103(2), 1997, 503-514.

[27] SPILTER J D, FISHER D E. Development of periodic response factors for use with the radiant time series method[J]. ASHRAE Transactions 105(2), 1999, 491-509.

[28] NIGUSSE B A, SPITLER J D. Refinements and improvements to the radiant time series method[J]. ASHRAE Transactions 116(1), 2010, 542-549.

[29] MAO C, BALTAZAR J C, HABERL J S. Literature review of building peak cooling load methods in the United States. Science and Technology for the Built Environment, 2018.

[30] 单寄平. 建筑物冷热负荷计算方法国内外发展情况[J]. 建筑技术通讯(暖通空调), 1979.

[31] 单寄平. 我国建筑物空调负荷计算方法研究的新进展[J]. 建筑科学, 1986.

[32] 中华人民共和国住房和城乡建设部. 民用建筑供暖通风与空气调节设计规范: GB 50736—2012[S]. 北京: 中国建筑工业出版社, 2012.

[33] 中华人民共和国住房和城乡建设部. 辐射供暖供冷技术规程: JGJ 142—2012[S]. 北京: 中国建筑工业出版社, 2012.

[34] CHEN T Y, CUI M X. A RTS-based method for direct and consistent calculating intermittent peak cooling loads[J]. Energy Conversion and Management, 2010, 51: 1170-1178.

[35] SASTRY G, RUMSEY P. VAV vs. Radiant Side-by-Side Comparison[J]. ASHRAE Journal, 2014, 56(5): 16-24.

[36] HU R, NIU J L. A review of the application of radiant cooling & heating systems in Mainland China[J]. Energy and Buildings, 2012, 52: 11-19.

[37] FENG J. Design and Control of Hydronic Radiant Cooling Systems[D]. Berkeley CA: California: University of California Berkeley. 2014.

[38] FENG J, SCHIAVON S, BAUMAN F. Cooling load differences between radiant and air systems[J], Energy and Buildings, 2013, 65: 310-321.

[39] FENG J, BAUMAN F, SCHIAVON S. Experimental comparison of zone cooling load between radiant and air system[J]. Energy and Buildings, 2014, 84: 152-159.

[40] ASHRAE. ASHRAE Handbook of HVAC systems and equipment[M]. Atlanta GA: American Society of Heating, Refrigerating and Air-Conditioning Engineers, Inc. , 2012: 6. 1-6. 21.

[41] ISO. Building environment design - design, dimensioning, installation and control of embedded radiant heating and cooling systems - Part 3: Design and dimensioning: ISO 11855-3[S], ISO, New York, 2016.

[42] European Standard. Ventilation for buildings. Calculation of room temperatures and of load and energy for buildings with room conditioning systems: B S EN 15243[S]. BSI Standards Limited, 2007, 1-60.

[43] NING B S, CHEN Y M, JIA H Y. Cooling load dynamics and simplified calculation method for radiant ceiling panel and dedicated outdoor air system[J]. Energy & Buildings, 2020, 207: 109631.

[44] NING B S, CHEN Y M. A radiant and convective time series method for cooling load calculation of radiant ceiling panel system[J]. Building and Environment, 2021, 188: 107411.

第 2 章　空调设计计算参数

进行空调设计负荷计算，需要确立室内外设计计算条件，即室内外设计计算参数。室内设计参数包括室内设计温度、相对湿度、最小新风量或最小换气次数，在空调负荷计算中，一般假设室内设计温度和湿度保持恒定。室外设计参数包括室外干球温度、室外湿球温度和投射到建筑外表面的太阳辐射照度。室外气象参数不仅随季节变化，在同一季节的每个昼夜也在随机变化，在设计负荷计算中假设气象参数以 24h 为周期进行波动，即采用设计日 24h 的气象参数作为负荷计算的输入参数。

2.1　室内设计参数

现行国家标准，《民用建筑供暖通风与空气调节设计规范》GB 50736[1]（下文简称《规范》）按照热舒适度等级规定了舒适性空调供冷工况的室内设计参数。对于Ⅰ级热舒适度空调，室内设计温度为 24 ~ 26℃，室内设计相对湿度为 40% ~ 60%；对于Ⅱ级热舒适度空调，室内设计温度为 26 ~ 28℃，室内设计相对湿度为≤70%。《规范》规定了公共建筑人员最小新风量，其中办公室人员最小新风量为 $30m^3$/(h·人)。规定了居住建筑、医院等设计最小换气次数或人员最小新风量。

《民用建筑暖通空调设计室内外计算参数导则》[2]（下文简称《导则》）给出了我国寒冷地区、夏热冬冷地区和夏热冬暖地区空调供冷工况，人体对热环境满意率在 80% 以上的室内温度设计范围。

工艺性空调的室内设计温度、相对湿度应根据工艺需要及健康要求确定。

2.2　室外设计参数

2.2.1　室外计算温度

《规范》规定了夏季空调室外计算干球、湿球温度确定方法。夏季空调室外计算干球温度，采用历年平均不保证 50h 的干球温度；夏季空调室外计算湿球温度，采用历年平均不保证 50h 的湿球温度。夏季空调室外计算日平均温度，采用历年平均不保证 5d 的日平均干球温度。

《导则》用历年平均不保证 10h、50h 或 100h 确定夏季空调多种不保证率下室外计算干球温度和与其同时发生的湿球温度的平均值，其对应的夏季空调室外计算日平均温度用历年平均不保证 1d、5d 或 10d 的日平均干球温度与其同时发生的湿球温度平均值。

ASHRAE 用 0.4%、1% 或 2% 累年年均发生频率，确定夏季空调室外计算干球温度与同时发生平均湿球温度；用 0.4%、2%、5%、10% 发生频率确定 1 ~ 12 月各月设计干球温度[3]。统计各月每天干球温度的最大值超过该月设计干球温度（对应于 5% 发生频率）的所有天中最大干球温度平均值、最小干球温度平均值、最大湿球温度平均值和最小湿球温度平均值。最大干球温度平均值与最小干球温度平均值之差，称为该月同时发生干球温度日较差（mean coincident dry-bulb range，MCDBR）；最大湿球温度平均值和最小湿球温度平均值之差，称为同时发生湿球温度日较差（mean coincident wet-bulb range，MCWBR）。这两个温度日较差用于生成设计日干球、湿球温度。

2.2.2　太阳辐射照度

（1）太阳高度角

太阳高度角是太阳光线与地平面之间的夹角，计算式为

$$\sin h = \cos LA \cos\delta \cos H + \sin\delta \sin LA \tag{2-1}$$

式中，h——太阳高度角，°；

LA——当地的地理纬度，°；

δ——太阳赤纬角，°；

H——太阳时角，°。

（2）太阳赤纬角

太阳赤纬角是日地中心连线与地球赤道平面之间的夹角，计算式为：

$$\delta = 23.45\sin\left(360° \frac{284 + n}{365}\right) \tag{2-2}$$

式中，n——日期序数（$n=1, 2, 3, \cdots, 365$）。例如，$n=21$，为1月21日；$n=202$，为7月21日。每月21日太阳赤纬角和时差计算值列于表2.1中。

每月21日太阳赤纬角和时差　　表2.1

月份	1月	2月	3月	4月	5月	6月	7月	8月	9月	10月	11月	12月
n	21	52	80	111	141	172	202	233	264	294	325	355
δ(°)	-20.1	-11.2	-0.4	11.6	20.1	23.4	20.4	11.8	-0.20	-11.8	-20.4	-23.4
ET(min)	-10.6	-14.0	-7.9	1.2	3.7	-1.3	-5.4	-3.6	6.9	15.5	13.8	2.2

（3）太阳时角

太阳时角是当地某时刻日地中心线与真太阳时12时的日地中心连线在地球赤道平面的投影的夹角，计算式为：

$$H = 15(AST - 12) \tag{2-3}$$

式中，AST——真太阳时，h。

真太阳时的计算式为：

$$AST = LST + \frac{ET}{60} + \frac{LON - LSM}{15} \tag{2-4}$$

式中，LST——当地标准时间，h；

LON——当地的地理经度，°；

LSM——该地区标准时间所在位置的地理经度，°；

ET——时差，min。

时差的计算式为[4]：

$$ET = 2.2918[0.0075 + 0.1868\cos(\Gamma) - 3.2077\sin(\Gamma) - 1.4615\cos(2\Gamma) - 4.089\sin(2\Gamma)] \quad (2\text{-}5)$$

其中

$$\Gamma = 360°\frac{n-1}{365} \quad (2\text{-}6)$$

每月 21 日时差计算值列于表 2. 1 中。

（4） 太阳方位角

太阳方位角是太阳光线在地面上的投影与地平面正南向的夹角，计算式为:

$$\sin\phi = \frac{\sin H\cos\delta}{\cos h} \quad (2\text{-}7)$$

$$\cos\phi = \frac{\cos H\cos\delta\sin LA - \sin\delta\cos LA}{\cos h} \quad (2\text{-}8)$$

式中，ϕ——太阳方位角，°。

（5） 太阳入射角

太阳入射角是太阳入射光线与建筑外表面法线的夹角，计算式为:

$$\cos\theta = \cos h\cos\gamma\sin\Sigma + \sin h\cos\Sigma \quad (2\text{-}9)$$

式中，θ——太阳入射角，°；

γ——建筑外表面－太阳方位角，°；

Σ——建筑外表面倾角（建筑外表面与地面的夹角），°。

垂直外表面（$\Sigma = 90°$），$\cos\theta = \cos h\cos\gamma$；水平外表面（$\Sigma = 0°$），$\theta = 90 - h$。

建筑外表面-太阳方位角为太阳方位角与建筑外表面方位角之差，即:

$$\gamma = \phi - \psi \quad (2\text{-}10)$$

式中，ψ——建筑外表面方位角，°；即建筑外表面法线在水平面上的投影与正南向之间的夹角；偏西为正，偏东为负，见表 2. 2。

建筑外表面朝向及其方位角　表2.2

朝向	N	NE	E	SE	S	SW	W	NW
ψ（°）	180	-135	-90	-45	0	45	90	135

（6）投射到建筑外表面的总太阳辐射照度

投射到建筑外表面的总太阳辐射照度包括天空直射辐射照度、天空散射辐射照度和地面反射辐射照度。计算式为[5]：

$$E_t = E_{tb} + E_{td} + E_{tr} \tag{2-11}$$

式中，E_t——投射到建筑外表面的总太阳辐射照度，W/m^2；

E_{tb}——投射到建筑外表面的天空直射辐射照度，W/m^2；

E_{td}——投射到建筑外表面的天空散射辐射照度，W/m^2；

E_{tr}——投射到建筑外表面的地面反射辐射照度，W/m^2。

投射到建筑外表面的天空直射辐射照度计算式为：

$$E_{tb} = E_b \cos\theta \tag{2-12}$$

式中，E_b——天空法向直射辐射照度，W/m^2。

投射到建筑外表面的天空散射辐照度计算式为：

$$E_{td} = \begin{cases} E_d(Y\sin\Sigma + \cos\Sigma) & \Sigma \leqslant 90° \\ E_d Y\sin\Sigma & \Sigma > 90° \end{cases} \tag{2-13}$$

式中，E_d——水平面散射辐射照度，W/m^2。

Y 的计算式为[6,7]：

$$Y = \max(0.45, 0.55 + 0.437\cos\theta + 0.313\cos^2\theta) \tag{2-14}$$

对于垂直外表面（$\Sigma = 90°$），$E_{td} = E_d Y$。

建筑外表面接收到的地面反射辐照度计算式为：

$$E_{tr} = (E_b \sin h + E_d)\rho_g \frac{1 - \cos\gamma}{2} \tag{2-15}$$

式中，ρ_g——地面反射率，城市地面取0.20。

表2.3给出了几种典型地面的反射率。

几种典型地面反射率[8]　　**表 2.3**

地面类型	反射率
普通城市地面	0.20
沥青和砾石屋面	0.13
水面（大入射角）	0.07
干裸露地面	0.20
混凝土	0.22
绿草地	0.26
干草地	0.20～0.30
轻色建筑表面	0.60
沙漠沙	0.40
原始森林	0.07

（7）晴空太阳辐射照度

晴空太阳辐射照度包括天空法向直射辐射照度和水平面散射辐射照度两部分，由式（2-16）和式（2-17）计算。

$$E_b = E_o \exp[-\tau_b m^{ab}] \tag{2-16}$$

$$E_d = E_o \exp[-\tau_d m^{ad}] \tag{2-17}$$

式中，E_o——地外太阳辐射通量，W/m²；

ab、ad——直射、散射大气质量指数；

τ_b、τ_d——晴空直射、散射光学厚度[9]；

m——大气质量。

（8）地外太阳辐射通量

地外太阳辐射通量为大气层外直接来自太阳的辐射强度，可用式（2-18）近似计算。

$$E_o = E_{sc}\left[1 + 0.033\cos\left(360^\circ \frac{n-3}{365}\right)\right] \tag{2-18}$$

式中，E_{sc} ——太阳常数，指大气层外，地球与太阳的年平均距离处，垂直于太阳光线的表面处的太阳辐射照度，$E_{sc}=1367W/m^2$[4]。

表2.4给出各月21日的地外太阳辐射通量E_o计算值。

各月21日地外太阳辐射通量E_o计算值[5] **表2.4**

月份	1月	2月	3月	4月	5月	6月	7月	8月	9月	10月	11月	12月
$E_o(W/m^2)$	1410	1397	1378	1354	1334	1323	1324	1336	1357	1380	1400	1411

（9）大气层晴空光学厚度

无论是天空直射辐射还是水平面散射辐射，都与大气层晴空光学厚度的直射光学厚度τ_b和散射光学厚度τ_d有关。晴空光学厚度体现了直射辐射和散射辐射与当地海拔、降水量、气溶胶、臭氧量和表面反射率等因素的影响。影响晴空光学厚度的因素较多，计算较为复杂。北京、长沙和广州直射光学厚度τ_b和散射光学厚度τ_d参考表2.5取值。

北京、长沙和广州直射光学厚度τ_b和散射光学厚度τ_d值[10, 11] **表2.5**

月份	北京		长沙		广州	
	τ_b	τ_d	τ_b	τ_d	τ_b	τ_d
1	0.382	2.222	0.677	1.679	0.596	1.896
2	0.438	2.059	0.740	1.556	0.651	1.754
3	0.510	1.878	0.822	1.453	0.754	1.568
4	0.614	1.642	0.837	1.414	0.692	1.648
5	0.700	1.485	0.785	1.460	0.593	1.830
6	0.722	1.479	0.735	1.524	0.590	1.825
7	0.626	1.707	0.597	1.812	0.574	1.859
8	0.583	1.820	0.645	1.721	0.613	1.794
9	0.551	1.883	0.724	1.610	0.640	1.775
10	0.486	2.021	0.723	1.627	0.631	1.824
11	0.412	2.226	0.659	1.738	0.553	2.025
12	0.373	2.296	0.638	1.758	0.541	2.050

（10）大气质量指数

大气质量指数分别是晴空光学厚度 τ_b、τ_d 的函数，按式（2-19）、式（2-20）计算。

$$ab = 1.454 - 0.406\tau_b - 0.268\tau_d + 0.021\tau_b\tau_d \tag{2-19}$$

$$ad = 0.507 + 0.205\tau_b - 0.080\tau_d - 0.190\tau_b\tau_d \tag{2-20}$$

（11）大气质量

大气质量可用太阳高度角的单值函数表示为[12]：

$$m = 1/[\sin h + 0.50572\,(6.07995 + h)^{-1.6364}] \tag{2-21}$$

2.2.3 太阳辐射直散分离

限于目前技术水平及成本等因素，我国大部分气象台站仅能测量水平面总太阳辐射照度，不能直接测量逐时太阳直射辐射照度和散射辐射照度。因此，需要选择合适的太阳辐射直散分离模型，由水平面总太阳辐射照度计算得到逐时太阳直射辐射照度和散射辐射照度。

已有大量太阳辐射直散分离模型，如 Liu 等人[13]、Orglill 等人[14]、Erbs 等人[15]、张晴原等人[16]提出的模型。这里采用 Erbs 等人提出的模型对水平面总太阳辐射照度实测数据进行直散分离，其模型根据实测太阳总辐射照度和地外太阳辐射通量，计算地面散射辐射照度和直射辐射照度。

$$K = \begin{cases} 1.0 - 0.09K_t & (K_t \leqslant 0.22) \\ 0.9511 - 0.1604K_t + 4.388K_t^2 - 16.638K_t^3 + 12.336K_t^4 & (0.22 < K_t \leqslant 0.80) \\ 0.165 & (K_t > 0.80) \end{cases} \tag{2-22}$$

$$K_t = E_c/E_o \tag{2-23}$$

式中，E_c——水平总辐射照度逐时实测值，W/m^2；

E_o——地外太阳辐射通量，W/m^2；由式（2-18）计算，也可以查表 2.4 得到；

K——水平面散射辐射照度与水平面总辐射照度之比；

K_t——大气透明度，即实测太阳总辐射照度与地外太阳辐射通量之比。

根据上述直散分离模型，可计算出天空法向直射辐射照度和水平面散射辐射照度，其计算式为：

$$E_b = E_c(1 - K)/\sin h \tag{2-24}$$

$$E_d = E_c K \tag{2-25}$$

2.3 设计日生成

空调设计负荷计算是假定室内设计温湿度为恒定值，在室外设计计算参数构成的设计日条件及室内热源得热的周期性作用下所形成的逐时冷负荷，其峰值冷负荷为房间的设计冷负荷。设计日由设计条件下夏季空调室外干球温度、室外湿球温度和水平面太阳总辐射照度的24个逐时值构成。《规范》《导则》和ASHRAE基础手册给出了空调设计日的生成方法。

2.3.1 设计日室外空气温度生成

（1）干湿球温度独立生成

《规范》用夏季空调室外计算干球温度、室外计算日平均温度和逐时变化系数生成设计日室外干球温度逐时值，室外干球温度逐时值计算公式为：

$$t_{o,\vartheta} = \bar{t}_o + \eta_\vartheta \frac{t_{o,d} - \bar{t}_o}{0.52} \tag{2-26}$$

式中，$t_{o,\vartheta}$——设计日第ϑ时刻（$\vartheta = 1, 2, \cdots, 24$）室外干球温度，℃；

$\bar{t}_o$——夏季空调室外计算日平均温度，℃；

$t_{o,d}$——夏季空调室外计算干球温度，℃；

η_ϑ——第ϑ时刻（$\vartheta = 1, 2, \cdots, 24$）室外温度逐时变化系数，见表2.6。

《规范》用夏季空调室外计算湿球温度作为设计日各时刻的湿球温度。用现行规范的方法生成的设计日，各时刻的湿球温度为定值。

室外温度逐时变化系数[17] 表 2.6

时刻 ϑ	1	2	3	4	5	6	7	8	9	10	11	12
η_ϑ	-0.35	-0.38	-0.42	-0.45	-0.47	-0.41	-0.28	-0.12	0.03	0.16	0.29	0.40
时刻 ϑ	13	14	15	16	17	18	19	20	21	22	23	24
η_ϑ	0.48	0.52	0.51	0.47	0.39	0.28	0.14	0.00	-0.10	-0.17	-0.23	-0.29

（2）干湿球温度耦合生成

《导则》用累年年均不保证率为 10h、50h 或 100h 的夏季空调室外计算干球温度；不保证率为 1d、5d 或 10d 的室外计算日平均温度和逐时变化系数，生成相应设计日的室外干球温度逐时值。

《导则》用累年年均不保证率为 10h、50h 或 100h 的夏季空调室外计算干球温度对应的同时发生湿球温度平均值；不保证率为 1d、5d 或 10d 的室外计算日平均温度对应的同时发生日均湿球温度和逐时变化系数，生成相应设计日的室外湿球温度逐时值。

ASHRAE 分别用累年年均发生频率为 0.4%、1% 或 2% 的夏季空调室外计算干球温度、最热月 5% 或 10% 平均同时发生干球温度日较差（MCDBR）和气温日较差系数，生成相应设计日的室外干球温度逐时值。

ASHRAE 分别用累年年均发生频率为 0.4%、1% 或 2% 的夏季空调室外计算干球温度对应的同时发生湿球温度平均值、最热月 5% 或 10% 平均同时发生湿球温度日较差（MCWBR）和气温日较差系数，生成相应设计日的室外湿球温度逐时值。还可以通过设计日各时刻干球、湿球温度和焓湿图，确定设计日露点温度逐时值。

$$t_{o,db,\vartheta} = t_{o,ddb} - \mu_\vartheta t_{o,mcdbr} \tag{2-27}$$

$$t_{o,wb,\vartheta} = t_{o,mcwb} - \mu_\vartheta t_{o,mcwbr} \tag{2-28}$$

式中，$t_{o,db,\vartheta}$——设计日第 ϑ 时刻（$\vartheta = 1, 2, \cdots, 24$）室外干球温度，℃；

$t_{o,wb,\vartheta}$ ——设计日第 ϑ 时刻（$\vartheta = 1, 2, \cdots, 24$）室外湿球温度,℃；

$t_{o,ddb}$ ——夏季空调室外计算干球温度,℃；

$t_{o,mcwb}$ ——夏季空调室外计算干球温度对应的同时发生平均湿球温度,℃；

$t_{o,mcdbr}$ ——最热月同时发生干球温度日较差,℃；

$t_{o,mcwbr}$ ——最热月同时发生湿球温度日较差,℃；

μ_ϑ ——第 ϑ 时刻（$\vartheta = 1, 2, \cdots, 24$）日较差系数，见表 2.7。

ASHRAE 用每月的 5% 干球温度和 5% 湿球温度与平均同时发生干球温度日较差和平均同时发生湿球温度日较差及气温日较差系数，计算每月设计日干湿球温度逐时值。

气温日较差系数[3]　　表 2.7

时刻 ϑ	1	2	3	4	5	6	7	8	9	10	11	12
μ_ϑ	0.88	0.92	0.95	0.98	1.00	0.98	0.91	0.74	0.55	0.38	0.23	0.13
时刻 ϑ	13	14	15	16	17	18	19	20	21	22	23	24
μ_ϑ	0.05	0	0	0.06	0.14	0.24	0.39	0.50	0.59	0.68	0.75	0.82

2.3.2　设计日太阳辐射照度生成

现行《规范》用计算得到的 7 月 21 日水平太阳总辐射照度逐时值作为设计日水平太阳总辐射照度，既可以用 2.2.2 节中的晴空太阳辐射照度计算模型计算 7 月 21 日水平太阳总辐射照度逐时值，也可以用大气透明度和太阳高度角对苏联太阳辐射基础数据进行插值计算，得到 7 月 21 日水平太阳总辐射照度逐时值[18]。

ASHRAE 用晴空太阳辐射照度计算模型计算 7 月 21 日投射到建筑外表面的直射辐射照度和散射辐射照度逐时值，作为夏季空调设计负荷计算的太阳辐射照度参数[3]。ASHRAE 也用晴空太阳辐射照度计算模型计算每月 21 日太阳直射辐射照度和散射辐射照度逐时值，作为每月设计日设计负荷计算的太阳辐射照度参数。

2.3.3 典型城市设计日

选取北京（39°48′N，117°04′E）、长沙（28°12′N，113°05′E）、广州（23°06′N，113°15′E）分别作为寒冷地区、夏热冬冷地区和夏热冬暖地区的典型代表城市，对其1988年至2017年30年原始逐时气象观测数据进行统计分析，按照《规范》中的方法构造不保证50h夏季空调设计日，其中水平太阳辐射照度是用太阳辐射照度基础数据进行插值计算得到的7月21日逐时值。表2.8为代表性城市不保证50h夏季空调设计日参数。

代表性城市不保证50h夏季空调设计日参数　　表2.8

时刻	北京			长沙			广州		
	干球温度（℃）	湿球温度（℃）	水平太阳总辐射照度（W/m²）	干球温度（℃）	湿球温度（℃）	水平太阳总辐射照度（W/m²）	干球温度（℃）	湿球温度（℃）	水平太阳总辐射照度（W/m²）
1:00	27.2	26.4	0	30.6	28.1	0	28.9	27.8	0
2:00	26.9	26.4	0	30.4	28.1	0	28.7	27.8	0
3:00	26.6	26.4	0	30.1	28.1	0	28.4	27.8	0
4:00	26.4	26.4	0	29.9	28.1	0	28.3	27.8	0
5:00	26.2	26.4	58.26	29.8	28.1	0	28.1	27.8	0
6:00	26.7	26.4	48.66	30.2	28.1	15.68	28.5	27.8	9.22
7:00	27.7	26.4	202.55	31.0	28.1	108.90	29.3	27.8	91.89
8:00	29.0	26.4	387.33	31.9	28.1	312.43	30.3	27.8	303.76
9:00	30.1	26.4	570.60	32.8	28.1	521.26	31.3	27.8	519.63
10:00	31.2	26.4	750.63	33.6	28.1	729.43	32.1	27.8	735.45
11:00	32.2	26.4	867.43	34.4	28.1	877.88	32.9	27.8	885.76
12:00	33.1	26.4	931.19	35.1	28.1	977.86	33.6	27.8	987.80
13:00	33.7	26.4	947.03	35.6	28.1	1003.62	34.1	27.8	1017.44
14:00	34.0	26.4	902.97	35.8	28.1	976.93	34.4	27.8	984.37
15:00	33.9	26.4	811.54	35.7	28.1	876.86	34.3	27.8	875.92

续表

时刻	北京			长沙			广州		
	干球温度（℃）	湿球温度（℃）	水平太阳总辐射照度（W/m²）	干球温度（℃）	湿球温度（℃）	水平太阳总辐射照度（W/m²）	干球温度（℃）	湿球温度（℃）	水平太阳总辐射照度（W/m²）
16:00	33.6	26.4	660.57	35.5	28.1	727.35	34.1	27.8	715.80
17:00	33.0	26.4	480.43	35.0	28.1	519.24	33.6	27.8	500.65
18:00	32.1	26.4	295.71	34.4	28.1	310.46	32.9	27.8	285.20
19:00	31.0	26.4	116.48	33.5	28.1	106.87	32.0	27.8	72.69
20:00	29.9	26.4	21.92	32.7	28.1	15.07	31.1	27.8	3.46
21:00	29.1	26.4	0	32.1	28.1	0	30.5	27.8	0
22:00	28.6	26.4	0	31.6	28.1	0	30.0	27.8	0
23:00	28.1	26.4	0	31.3	28.1	0	29.7	27.8	0
24:00	27.6	26.4	0	30.9	28.1	0	29.3	27.8	0

2.3.4 同时发生设计日

从上述设计日生成方法可以看出，用现行《规范》历年平均不保证50h确定的室外设计计算参数及其太阳辐射照度计算方法生成的设计日，是用室外空气干球温度、湿球温度和太阳辐射照度的极端值构造出来的。实际气候中，3种气象要素的极端情况同时出现在一天里的可能性极小。因此，这样构造的设计日过高估计了室外设计计算参数，导致空调设计负荷偏高。

为了生成的设计日更接近实际情况，《导则》和ASHRAE基础手册推荐用夏季空调室外计算干球温度及其对应的同时发生湿球温度平均值和逐时变化系数或日较差系数生成设计日干湿球温度逐时值。这种方法考虑了室外空气干球、湿球温度的同时发生性，但还是没考虑太阳辐射与室外干球、湿球温度之间同时发生性，也未考虑建筑透明构件与非透明构件对室外空气温度波动和太阳辐射热传导至室内的延迟和衰减特性的不同。这样构造的设计日依然会高估空调设计负荷。

近年提出的同时发生设计日生成方法，综合考虑了气象参数的同时发生和建筑特征参数对设计日生成的影响，有效解决了设计日不准确的问题，从室外设计计算参数源头提高空调设计负荷计算的准确性[19-21]。这种同时发生设计日生成方法，将历史实测气象数据中每天的数据定义为一个气象日，按顺序对每个气象日进行编号，得到气象数据的气象日序数；用历史实测气象数据和动态负荷计算模型计算房间动态负荷，依据室内热环境风险水平或负荷不保证率挑选出通用气象日序数集，用多维多参数聚类分析方法，从通用气象日序数集中选取代表性的同时发生设计日。这种方法生成的设计日参数值是同一天同时测量得到的干球温度、湿球温度和水平太阳总辐射照度逐时值，是从实测气象数据中挑选出各气象要素同时发生且真实存在的室外设计计算参数，避免了现行《规范》构造设计日的极端性，其计算出的空调设计负荷准确性高，更能满足工程设计准确性要求。

参考文献

[1] 中华人民共和国住房和城乡建设部．民用建筑供暖通风与空气调节设计规范：GB 50736—2012[S]. 北京：中国建筑工业出版社，2012.

[2] 连之伟，田喆，陈友明，等．民用建筑暖通空调设计室内外计算参数导则[M]. 上海：上海科学技术出版社，2021.

[3] ASHRAE. ASHRAE Handbook of Fundamentals[M]. Atlanta, GA: American Society of Heating, Refrigerating, and Air Conditioning Engineering, Inc. , 2021.

[4] Iqbal M. An Introduction to Solar Radiation[M]. Toronto: Academic Press, 1983.

[5] ASHRAE. ASHRAE Handbook of Fundamentals[M]. Atlanta, GA: American Society of Heating, Refrigerating, and Air Conditioning Engineering, Inc. , 2009.

[6] THRELKELD J L. Solar irradiation of surfaces on clear days[J]. ASHRAE Transactions 1963, 69: 24-29.

[7] STEPHENSON D G. Equations for solar heat gain through windows[J]. Solar Energy, 1965, 9 (2): 81-86.

[8] THEVENARD D, HADDAD K. Ground reflectivity in the context of building energy simulation [J]. Energy and Buildings, 2006, 38(8): 972-980.

[9] THEVENARD D. Updating the ASHRAE climatic data for design and standards (RP-1453) [R]. ASHRAE Research Project, Final Report, 2009.

[10] THEVENARD D, GUEYMARD C. Updating climatic design data in Chapter 14 of the 2013 Handbook of Fundamentals (RP-1613)[R]. ASHRAE Research Project RP-1613, Final Report, 2013.

[11] ROTH M. Updating climatic design data in the 2017 ASHRAE Handbook- Fundamentals (RP-1699)[R]. ASHRAE Research Project RP-1699, Final Report, 2017.

[12] KASTEN F, YOUNG T. Revised optical air mass tables and approximation formula[J]. Applied Optics, 1989, 28: 4735-4738.

[13] LIU B Y H, JORDAN R C. The interrelationship and characteristic distribution of direct, diffuse and total solar radiation[J]. Solar Energy, 1960, 4(3): 1-19.

[14] ORGILL J F, HOLLANDS K G T. Correlation equation for hourly diffuse radiation on a horizontal surface[J]. Solar Energy, 1977, 19(4): 357.

[15] ERBS D G, KLEIN S A, DUFFIE J A. Estimation of the diffuse radiation fraction for hourly daily and monthly-average global radiation[J]. Solar Energy, 1982, 28(4): 293-302.

[16] 张晴原, JOE HUANG. 中国建筑用标准气象数据库[M]. 北京: 机械工业出版社, 2004.

[17] 暖通规范管理组. 暖通空调设计规范专题说明选编[M]. 北京: 中国计划出版社, 1990.

[18] 杨琪, 陈友明, 方政诚, 等. 空调设计室外计算参数适用性分析与改进[J]. 建筑科学, 2023, 39(02): 74-79.

[19] 陈友明, 曹明皓, 方政诚. 基于气象日序数的同时发生设计日挑选方法[J]. 湖南大学学报, 2023, 50(3): 246-252.

[20] FANG Z C, CHEN Y M. Comprehensive clustering method to determine coincident design day for air-conditioning system design[J]. Building and Environment, 2022, 216: 109019.

[21] ZHANG X C, CHEN Y M, NING B S. Applicability of radiant and convection time series method in coincident design day generation for radiant cooling systems[J]. Energy & Buildings, 2024, 311: 114152.

第3章　房间得热计算

在计算空调设计负荷时，先要计算房间的各部分逐时得热量。下面介绍房间各项得热量的计算方法。

3.1　围护结构传热计算

3.1.1　室外综合温度

室外综合温度是将墙体或屋面外表面吸收的太阳辐射热，与天空或地面的辐射换热及与空气的对流换热折算得到的室外空气温度，计算式为：

$$t_e = t_o + \frac{\alpha E_t}{h_o} - \frac{\varepsilon \Delta R}{h_o} \tag{3-1}$$

式中，t_e——室外综合温度，℃；

t_o——室外空气干球温度，℃；

α——建筑外表面的太阳辐射吸收率；

ε——表面半球发射率；

E_t——投射到建筑外表面的太阳总辐射照度，W/m^2；

h_o——建筑外表面长波辐射和对流换热系数，$W/(m^2 \cdot K)$；

ΔR——天空和地面投射到建筑外表面的长波辐射能与温度为室外空气温度的黑体发射的辐射能之差，W/m^2。

水平外表面，如屋面只接收天空长波辐射，ΔR 为 $63W/m^2$；当 $\varepsilon=1$、$h_o=17\ W/(m^2 \cdot K)$ 时，式（3-1）中的长波修正项为 3.7K[1]。我国夏季空调取

$h_o = 18.6 W/(m^2 \cdot K)$[2]，长波修正项为3.3K。垂直外表面，取 $\varepsilon \Delta R = 0$。

3.1.2　外围护结构传导得热

（1）外墙和屋面传导得热

计算空调设计负荷时，假定设计日室外计算参数周期性作用于建筑外围护结构，用周期响应序列，或传导时间序列，计算外墙和屋面的设计日24h逐时传导得热。设计日第 ϑ 时刻（$\vartheta = 1, 2, \cdots, 24$）通过外墙和屋面向室内传导的热量可采用式（3-2）或式（3-3）进行计算。

$$q_{e,\vartheta} = A_e \left[\sum_{i=0}^{\vartheta-1} Y_{p,i}(t_{e,\vartheta-i} - t_{rc}) + \sum_{i=\vartheta}^{23} Y_{p,i}(t_{e,24+\vartheta-i} - t_{rc}) \right] \tag{3-2}$$

$$q_{e,\vartheta} = A_e U \left[\sum_{i=0}^{\vartheta-1} c_{e,i}(t_{e,\vartheta-i} - t_{rc}) + \sum_{i=\vartheta}^{23} c_{e,i}(t_{e,24+\vartheta-i} - t_{rc}) \right] \tag{3-3}$$

式中，A_e——外墙或屋顶面积，m^2；

$Y_{p,i}$——墙体或屋面第 i 个时刻（$i = 0, 1, 2, \cdots, 23$）的周期响应系数，$W/(m^2 \cdot K)$；

$c_{e,i}$——墙体或屋面第 i 个时刻（$i = 0, 1, 2, \cdots, 23$）的传导时间系数；

$t_{e,\vartheta}$——设计日第 ϑ 时刻（$\vartheta = 1, 2, \cdots, 24$）室外综合温度，℃；

t_{rc}——室内设计温度，℃；

U——外墙或屋面总传热系数，$W/(m^2 \cdot K)$。

室外综合温度用设计日室外空气干球温度和投射到外墙表面或屋顶的太阳总辐射按式（3-1）计算。《规范》给出了我国常用的13种外墙和8种屋面及其热工性能指标[2]，见本书附录表A1、表A2。根据这些墙体和屋面的结构参数和热物性参数，用频域回归方法[3]计算出了这些外围护结构的周期响应系数和传导时间系数（conductive time series of envelopes，CTS_e），分别列于附录表A3、表A4、表A5和表A6。

（2）窗户传导得热

设计日第 ϑ 时刻（$\vartheta = 1, 2, \cdots, 24$）通过天窗或窗户向室内传导的热

量为：

$$q_{w,\vartheta} = A_w U_w (t_{o,\vartheta} - t_{rc}) \tag{3-4}$$

式中，A_w——天窗或窗户开口面积，m^2；

$t_{o,\vartheta}$——设计日第 ϑ 时刻（ϑ = 1，2，…，24）室外干球温度，℃；

U_w——窗户传热系数，$W/(m^2 \cdot K)$。

3.1.3 太阳辐射得热

透过天窗和窗户进入室内的太阳辐射得热分为直射辐射得热和散射辐射得热两部分。ASHRAE 基础手册推荐用式（3-5）和式（3-6）计算透过天窗和窗户的直射辐射得热和散射辐射得热[4]。

$$q_{br,\vartheta} = A_w (IAC) SHGC(\theta_\vartheta) E_{tb,\vartheta} \tag{3-5}$$

$$q_{dr,\vartheta} = A_w (IAC_D)(SHGC_D)(E_{td,\vartheta} + E_{tr,\vartheta}) \tag{3-6}$$

式中，$E_{tb,\vartheta}$——设计日第 ϑ 时刻（ϑ = 1，2，…，24）投射到建筑外表面的直射辐射照度，W/m^2；

$E_{td,\vartheta}$——设计日第 ϑ 时刻（ϑ = 1，2，…，24）投射到建筑外表面的散射辐射照度，W/m^2；

$E_{tr,\vartheta}$——设计日第 ϑ 时刻（ϑ = 1，2，…，24）投射到建筑外表面的地面反射照度，W/m^2；

IAC——内遮阳直射辐射衰减系数；

IAC_D——内遮阳散射辐射衰减系数；

$SHGC(\theta_\vartheta)$——太阳辐射入射角为 θ_ϑ 时的窗户直射得热系数；

$SHGC_D$——窗户散射得热系数，又称半球平均太阳得热系数；

θ_ϑ——设计日第 ϑ 时刻（ϑ = 1，2，…，24）太阳辐射入射角，°。

窗户太阳直射得热系数 $SHGC(\theta)$ 和散射得热系数 $SHGC_D$ 是太阳入射角的函数，其值与窗户种类有关。内遮阳直射辐射衰减系数 IAC、散射辐射衰减系数 IAC_D 与内遮阳种类及其几何特性相关；无内遮阳时，$IAC = 1.0$，$IAC_D = 1.0$。

按式（3-5）和式（3-6）计算，需要给出窗户相关参数数据，但《规范》[2]中缺乏窗户相关参数数据。不同窗户的太阳得热系数 $SHGC$ 不同。对于窗户直射得热系数，Chen 等人[5]研究发现，窗户 $SHGC(\theta)$ 与其在法向入射时 $SHGC(0°)$ 的比值存在一定的统计规律。定义窗户在任意入射角 θ 下直射得热系数 $SHGC(\theta)$ 与法向入射的直射得热系数 $SHGC(0°)$ 比值为 $R(\theta)$，如式（3-7）所示。ASHRAE 基础手册[4]中列出了 73 种窗户的参数，每种窗户对应一组 $R(\theta)$ 值，如图 3.1 所示。根据 $R(\theta)$ 值随太阳直射辐射入射角 θ 的变化幅度不同，可将窗户的 $R(\theta)$ 值划分为 9 类，每一类取其范围中的均值作为该类的 $R(\theta)$ 值，如表 3.1 所示。

$$R(\theta) = \frac{SHGC(\theta)}{SHGC(0)} \tag{3-7}$$

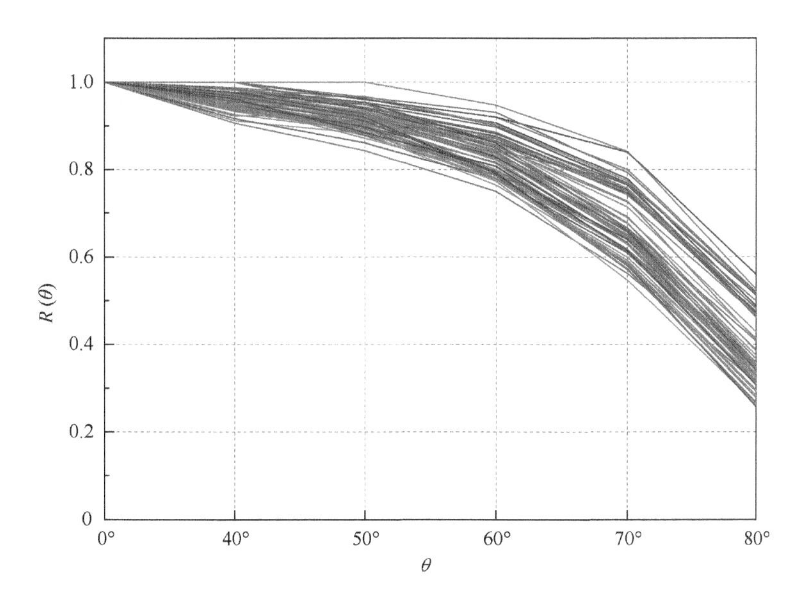

图 3.1　不同窗户的 $R(\theta)$

不同类别窗户的 $R(\theta)$ 的参考值　　　　　　表 3.1

类别	R					
	0°	40°	50°	60°	70°	80°
1	1.00	0.99	0.96	0.91	0.79	0.52
2	1.00	0.97	0.94	0.87	0.75	0.48
3	1.00	0.96	0.93	0.86	0.71	0.42
4	1.00	0.97	0.92	0.84	0.67	0.37
5	1.00	0.96	0.92	0.83	0.65	0.35
6	1.00	0.95	0.91	0.81	0.64	0.34
7	1.00	0.95	0.89	0.80	0.62	0.33
8	1.00	0.94	0.89	0.79	0.60	0.31
9	1.00	0.95	0.90	0.79	0.58	0.27

对于窗户散射得热系数 $SHGC_D$，Chen 等人[5]指出，工程计算时可按式(3-8)近似计算。

$$SHGC_D = SHGC(0°) - 0.063 \tag{3-8}$$

通过分析发现，窗户散射得热系数 $SHGC_D$ 也可近似取为60°入射角时窗户直射得热系数，即

$$SHGC_D = SHGC(60°) \tag{3-9}$$

房间内太阳辐射得热则可由式（3-5）和式（3-6）改写式（3-10）和式(3-11)。

$$q_{br,\vartheta} = A_w(IAC)SHGC(0°)R(\theta_\vartheta)E_{tb,\vartheta} \tag{3-10}$$

$$q_{dr,\vartheta} = A_w(IAC_D)SHGC(60°)(E_{td,\vartheta} + E_{tr,\vartheta}) \tag{3-11}$$

《规范》采用遮阳系数（shading coefficient，SC）计算透过窗户的太阳辐射得热产生的冷负荷[2]。遮阳系数指玻璃的太阳能总透射比与3mm标准普通透明玻璃的太阳能总透射比的比值。由于 ASHARE 等标准均以太阳得热系数 *SHGC* 作为衡量透光围护结构性能的参数，因此主流建筑能耗模拟软件中也以太阳得热

系数 *SHGC* 作为衡量外窗的热工性能的参数。为便于工程设计人员使用并与国际接轨，我国《公共建筑节能设计标准》GB 50189—2015 和《建筑节能与可再生能源利用通用规范》GB 55015—2021 也将太阳得热系数作为衡量透光围护结构（门窗或透光幕墙）性能的参数[6, 7]。

3.1.4　邻室传导得热

当邻室温度与被调房间的温度设计值不同时，邻室和被调房间之间存在热传递。邻室包括与被调房间相邻的隔间、上下层房间。通过隔墙、楼板的传导得热为：

$$q_{ar} = A_{ar}U_{ar}(t_{ar} - t_{rc}) \tag{3-12}$$

式中，A_{ar} ——隔墙或楼板面积，m^2；

t_{ar} ——邻室的平均温度，℃；

U_{ar} ——隔墙、楼板传热系数，$W/(m^2 \cdot K)$。

3.2　室内热源

室内热源包括人员、照明灯具和设备 3 种。室内热源的散热包括显热和潜热两部分。

（1）人员

室内人员的散热量与人员的工作强度和人员数量有关。ASHRAE 基础手册中给出了不同工作强度的人员散热量基础数据。《公共建筑节能设计标准》GB 50189—2015 附录 B 给出了部分人员散热量[6]，见表 3.2。

人员散热量和散湿量　　**表 3.2**

建筑类别	显热（W）	潜热（W）	散湿量（g/h）
办公建筑、旅馆建筑、医院建筑-住院部	66	68	102
商业建筑、医院建筑-门诊楼	64	117	175
学校建筑-教学楼	67	41	61

（2）照明

根据 ASHRAE 基础手册，照明得热量可用式（3-13）进行计算[4]。

$$q_{lg} = f_{lgu} f_{sa} W_{lg} \tag{3-13}$$

式中，q_{lg} ——照明得热量，W；

W_{lg} ——灯具安装功率，W；

f_{lgu} ——灯具使用系数，即安装功率和使用功率之比，一般可取 1.0；

f_{sa} ——灯具特殊限额系数。

灯具的得热量还可以根据照明功率密度来确定。《建筑节能与可再生能源利用通用规范》GB 55015—2021 给出了照明功率密度[7]，见表 3.3。

照明功率密度 **表 3.3**

建筑类别	照明功率密度（W/m^2）
办公建筑	8.0
旅馆建筑	6.0
商业建筑	9.0
医院建筑-门诊楼	8.0
医院建筑-住院部	6.0
学校建筑-教学楼	8.0

（3）设备

室内散热设备以电器设备为主，可分为电子设备、电热设备及电动设备等类别。设备散热量与设备种类、数量、安装功率、使用状态等因素有关。电器设备的实际功率与铭牌功率可能存在较大偏差。在办公室里，多以台式计算机、显示器、笔记本电脑、打印机等电子产品的散热量为主。在确定室内电器设备散热量时可以铭牌功率为基础，乘以修正系数来确定电器设备散热量。

对于电动设备，由电机驱动，电机位于被调房间，其散热量按式（3-14）计算。

$$q_{ep} = f_{epu} f_{epl} P / \eta_{e} \tag{3-14}$$

式中，q_{ep} ——电机散热量，W；

P ——电机额定功率，W；

f_{epu} ——电机使用系数，<1.0；

f_{epl} ——电机负载系数，<1.0；

η_e ——电机效率，<1.0。

室内设备散热量同样可以根据相关规范或标准中给出的电器设备功率密度来确定。《建筑节能与可再生能源利用通用规范》GB 55015—2021 给出了电器设备功率密度[7]，见表 3.4。

电器设备功率密度　表 3.4

建筑类别	电器设备功率密度（W/m^2）
办公建筑	15.0
旅馆建筑	15.0
商业建筑	13.0
医院建筑-门诊楼	20.0
医院建筑-住院部	15.0
学校建筑-教学楼	5.0

3.3　新风、渗透风和湿迁移

3.3.1　新风和渗透风得热

房间内外空气交换主要包括新风输送系统输送的新风（简称新风）和通过门窗缝隙的渗透风（简称渗透风）两部分。对于室内分体式空调，一般不存在独立新风系统，房间内外空气交换主要来自门窗通风及渗透风。对于中央空调系统，房间内外空气交换则包括渗透风和新风。

在辐射时间序列方法和辐射对流时间序列方法的负荷计算中，因涉及室内显热得热的分离问题，应将新风和渗透风的得热分开进行计算，但其得热量计算方法是相同的。新风和渗透风的显热和潜热分别按式（3-15）和式（3-16）计算。

$$q_{a,s,\vartheta} = \rho V c_p (t_{o,\vartheta} - t_{rc}) \tag{3-15}$$

$$q_{a,l,\vartheta} = \rho V h_a (W_{o,\vartheta} - W_{rc}) \tag{3-16}$$

式中，$q_{a,s,\vartheta}$——设计日第 ϑ 时刻（$\vartheta=1$，2，…，24）新风或渗透风显热得热量，W；

$q_{a,l,\vartheta}$——设计日第 ϑ 时刻（$\vartheta=1$，2，…，24）新风或渗透风潜热得热量，W；

ρ——新风量或渗透风量密度，kg/m^3；

V——新风量或渗透风量，m^3/s；

c_p——空气显热比热，J/(kg · ℃)；

h_a——空气潜热比热，J/kg；

$t_{o,\vartheta}$——设计日第 ϑ 时刻（$\vartheta=1$，2，…，24）室外干球温度，℃；

$W_{o,\vartheta}$——设计日第 ϑ 时刻（$\vartheta=1$，2，…，24）室外空气含湿量，kg/kg；

W_{rc}——室内空气含湿量，kg/kg。

室内温度为 26 ℃，相对湿度为 60% 时，室内空气含湿量为 0.0126kg/kg。

在工程设计中，空气的显热和潜热比热可以近似地当作定值处理，空气显热比热为 1010J/(kg · ℃)，潜热比热 2430×10^3 J/kg。ϑ 时刻室外空气含湿量与室外空气状态有关，可按式（3-17）计算[5]。

$$W_{o,\vartheta} = \frac{(2501 - 2.326 t_{w,\vartheta}) W_{\vartheta}^{*} - 1.006 (t_{o,\vartheta} - t_{w,\vartheta})}{2501 + 1.86 t_{o,\vartheta} - 4.186 t_{w,\vartheta}} \tag{3-17}$$

式中，$t_{w,\vartheta}$——设计日第 ϑ 时刻（$\vartheta=1$，2，…，24）室外湿球温度，℃；

W_{ϑ}^{*}——设计日第 ϑ 时刻（$\vartheta=1$，2，…，24）室外湿球温度对应的饱和湿空气含湿量，kg/kg。

3.3.2 湿迁移得热

建筑材料中总是存在湿扩散和迁移现象。对于舒适性空调，由于湿迁移量非常小，通过墙体和屋面的湿迁移潜热得热可以忽略不计。对于那些需要维持低含湿量的特殊空间，伴随墙体和屋面结构湿迁移的潜热得热量可能会大于其他的室内潜热得热量，其潜热得热量可按式（3-18）计算。

$$q_{m,l} = A_f \mu_m \Delta p_v (h_{rc} - h_{wc}) \tag{3-18}$$

式中，$q_{m,l}$——湿迁移潜热得热，W；

A_f——外墙或屋顶构件面积，m^2；

h_{rc}——室内空气比焓，J/kg；

h_{wc}——盘管冷凝水比焓，J/kg；

Δp_v——水蒸气分压差，Pa；

μ_m——外墙或屋面构件湿渗透率，kg/(s·m^2·Pa)。

参考文献

[1] BLISS R J V. Atmospheric radiation near the surface of the ground[J]. Solar Energy, 1961, 5(3): 103.

[2] 中华人民共和国住房和城乡建设部. 民用建筑供暖通风与空气调节设计规范: GB 50736—2012[S]. 北京: 中国建筑工业出版社, 2012.

[3] 陈友明, 王盛卫. 建筑围护结构非稳定传热计算新方法[M]. 北京: 科学出版社, 2004.

[4] ASHRAE. ASHRAE Handbook of Fundamentals[M]. Atlanta, GA: American Society of Heating, Refrigerating, and Air Conditioning Engineering, Inc., 2021.

[5] CHEN T Y, CHEN Y M, YIK F W H. Rational selection of near-extreme coincident weather data with solar irradiation for risk-based air-conditioning design[J]. Energy and Buildings, 2007, 39: 1193-1201.

[6] 中华人民共和国住房和城乡建设部. 公共建筑节能设计标准: GB 50189—2015[S]. 北京: 中国建筑工业出版社, 2015.

[7] 中华人民共和国住房和城乡建设部. 建筑节能与可再生能源利用通用规范: GB 55015—2021[S]. 北京: 中国建筑工业出版社, 2021.

第 4 章　辐射时间序列方法

4.1　概述

辐射时间序列方法（radiant time series method，RTSM），是基于建筑周期性传热假设条件，从热平衡方法（HBM）推导出来的空调设计负荷简化计算方法，它可以替代总等效温差/时间平均（TETD/TA）方法、冷负荷温差/冷负荷系数（CLTD/CLF）方法、传递函数（TFM）方法等其他简化计算方法。

与热平衡方法相比，辐射时间序列方法既不需要复杂的迭代计算，又能量化房间各种得热对总冷负荷的贡献，设计人员可观察和比较不同扰量对负荷计算结果的影响，进而在设计工作中进行灵活调整。当然，受其固有的房间周期性传热假设所限，辐射时间序列方法只适合峰值设计负荷计算，不能用于年度能耗模拟。

辐射时间序列方法计算流程如图 4.1 所示，计算分为 4 步：第一步，计算设计日房间各部分的逐时得热量；第二步，根据各部分得热量的辐射热分配比例（F_r），将得热量分成辐射得热量和对流得热量两部分；第三步，计算瞬时冷负荷，各时刻的对流得热量直接成为该时刻的瞬时冷负荷，用辐射时间系数（radiant time factors，RTF）将各时刻的辐射得热量转化为成当前时刻和后续各时刻的瞬时冷负荷，用非太阳辐射时间系数（non-solar RTF）将非太阳辐射得热量转化为瞬时冷负荷，用太阳辐射时间系数（solar RTF）将太阳辐射得热量转化为瞬时冷负荷；第四步，将各时刻的瞬时冷负荷相加，得到房间的瞬时总冷负荷。房间瞬时总冷负荷的峰值即为房间的设计冷负荷。

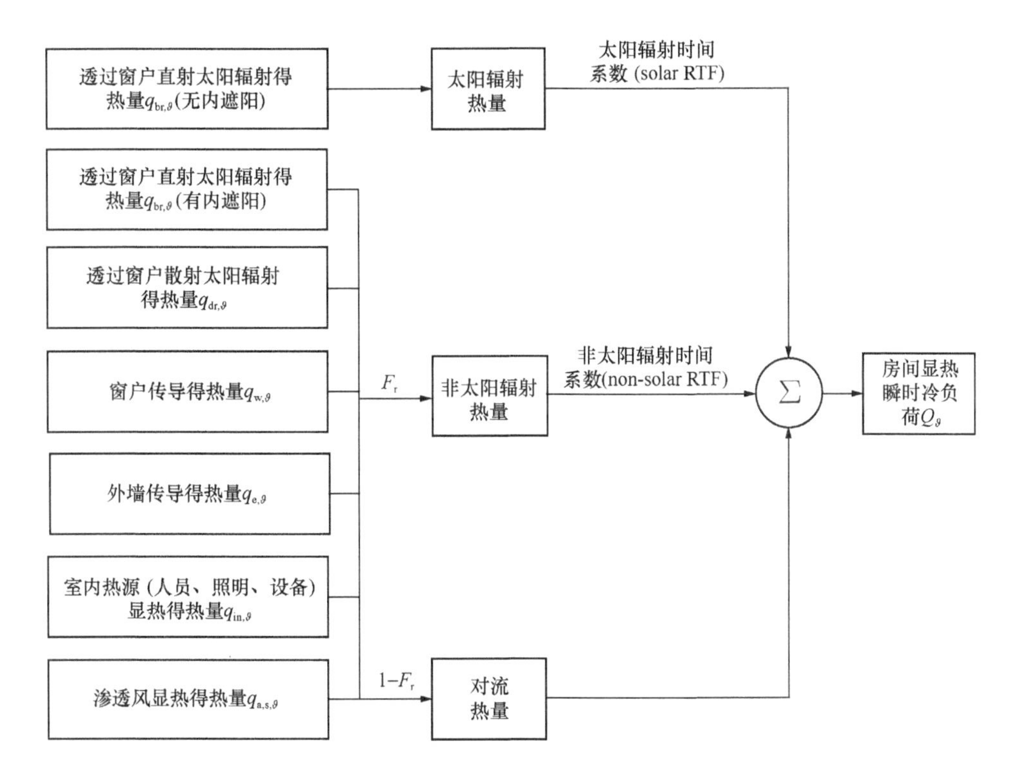

图 4.1　辐射时间序列方法计算流程

需要说明的是，图 4.1 的计算得到的是房间的显热负荷，房间的潜热负荷可按室内人员、设备等在各时刻产生的潜热量计算确定。

4.2　负荷计算

4.2.1　得热量分离

按照第 3 章房间得热计算方法计算房间的各部分得热量，根据各部分得热的辐射分配比例，将计算出的房间各部分得热的显热得热量分离为辐射得热量和对流得热量部分。

（1）辐射热量

各部分得热的显热得热量的非太阳辐射得热量为：

$$q_{nr,\vartheta,j} = q_{s,\vartheta,j}F_{r,j} \tag{4-1}$$

式中，$F_{r,j}$——第 j 部分显热得热的辐射分配比例；

$q_{s,\vartheta,j}$——设计日第 ϑ 时刻（ϑ = 1，2，…，24）第 j 部分显热得热量，W；

$q_{nr,\vartheta,j}$——设计日第 ϑ 时刻（ϑ = 1，2，…，24）第 j 部分显热得热的非太阳辐射得热量，W。

ASHRAE 手册给出了各种显热得热的辐射热分配比例[1]。表4.1列出了其中部分显热得热的辐射热分配比例。

部分显热得热的辐射热分配比例（F_r）[1]　表 4.1

得热类型		辐射比例（推荐值）	对流比例（推荐值）
人员（典型办公设备）		0.60	0.40
设备		0.10～0.80	0.90～0.20
办公设备	有风扇	0.10	0.90
	无风扇	0.30	0.70
照明	嵌入式 LED 灯盘	0.37～0.47	0.53～0.63
	嵌入式荧光灯	0.48～0.68	0.42～0.52
传导热	墙、地板	0.46	0.54
	屋面	0.60	0.40
	窗	0.33（$SHGC_D$ > 0.5） 0.46（$SHGC_D$ < 0.5）	0.67（$SHGC_D$ > 0.5） 0.54（$SHGC_D$ < 0.5）
太阳辐射热	无内遮阳	1.00	0
	有内遮阳	根据百叶窗与内遮阳类型确定	—
渗透风		0	1.00

各时刻非太阳辐射热量为：

$$q_{nr,\vartheta} = \sum_{j=1}^{n_s} q_{nr,\vartheta,j} \tag{4-2}$$

式中，n_s——室内显热热源数量；

$q_{nr,\vartheta}$——设计日第 ϑ 时刻（ϑ=1，2，…，24）非太阳辐射热量，W。

无内遮阳时，各时刻太阳辐射热量为透过窗户进入室内的各时刻太阳直射得热量 $q_{sr,\vartheta} = q_{br,\vartheta}$；有内遮阳时，透过窗户进入室内的各时刻太阳直射得热量转化为非太阳辐射热量和对流热量，太阳辐射热量 $q_{sr,\vartheta} = 0$。

（2）对流热量

各部分显热得热的对流热量为：

$$q_{c,\vartheta,j} = q_{s,\vartheta,j}(1 - F_{r,j}) \tag{4-3}$$

式中，$q_{c,\vartheta,j}$——设计日第 ϑ 时刻（ϑ=1，2，…，24）第 j 部分显热得热的对流热量，W。

各时刻的对流热量为：

$$q_{c,\vartheta} = \sum_{j=1}^{n_s} q_{c,\vartheta,j} \tag{4-4}$$

式中，$q_{c,\vartheta}$——设计日第 ϑ 时刻（ϑ=1，2，…，24）对流热量，W。

4.2.2 冷负荷计算

（1）辐射热量转化的冷负荷

用非太阳辐射时间系数将非太阳辐射热量转化为冷负荷，按下式计算。

$$Q_{nr,\vartheta} = r_{n,0}q_{nr,\vartheta} + r_{n,1}q_{nr,\vartheta-1} + r_{n,2}q_{nr,\vartheta-2} + \cdots + r_{n,23}q_{nr,\vartheta-23} \tag{4-5}$$

式中，$Q_{nr,\vartheta}$——设计日第 ϑ 时刻（ϑ=1，2，…，24）非太阳辐射热量转化的冷负荷，W；

$r_{n,i}$——第 i 个（i=0，1，2，3，…，23）非太阳辐射时间系数。

用太阳辐射时间系数将太阳辐射热量转化为冷负荷，按下式计算。

$$Q_{sr,\vartheta} = r_{s,0}q_{sr,\vartheta} + r_{s,1}q_{sr,\vartheta-1} + r_{s,2}q_{sr,\vartheta-2} + \cdots + r_{s,23}q_{sr,\vartheta-23} \tag{4-6}$$

式中，$Q_{sr,\vartheta}$——设计日第 ϑ 时刻（$\vartheta=1$，2，…，24）太阳辐射热量转化的冷负荷，W；

$r_{s,i}$——第 i 个（$i=0$，1，2，3，…，23）太阳辐射时间系数。

设计日第 ϑ 时刻（$\vartheta=1$，2，…，24）辐射热量转化的冷负荷为：

$$Q_{r,\vartheta} = Q_{nr,\vartheta} + Q_{sr,\vartheta} \tag{4-7}$$

式中，$Q_{r,\vartheta}$——设计日第 ϑ 时刻（$\vartheta=1$，2，…，24）辐射热量转化的冷负荷，W。

（2）对流冷负荷

对流热量即刻成为当前时刻的对流冷负荷，即

$$Q_{c,\vartheta} = q_{c,\vartheta} \tag{4-8}$$

式中，$Q_{c,\vartheta}$——设计日第 ϑ 时刻（$\vartheta=1$，2，…，24）对流冷负荷，W。

（3）潜热冷负荷

$$q_{l,\vartheta} = \sum_{j=1}^{n_l} q_{j,l,\vartheta} + q_{a,l,\vartheta} \tag{4-9}$$

式中，n_l——室内潜热热源数量；

$q_{l,\vartheta}$——设计日第 ϑ 时刻（$\vartheta=1$，2，…，24）潜热得热量，W；

$q_{j,l,\vartheta}$——设计日第 ϑ 时刻（$\vartheta=1$，2，…，24）室内第 j 个潜热热源产生的潜热得热量，W；

$q_{a,l,\vartheta}$——设计日第 ϑ 时刻（$\vartheta=1$，2，…，24）渗透风潜热得热量，W。

各时刻潜热瞬时冷负荷 $Q_{l,\vartheta}$ 为：

$$Q_{l,\vartheta} = q_{l,\vartheta} \tag{4-10}$$

（4）新风负荷

各时刻新风负荷 $Q_{fa,\vartheta}$ 为：

$$Q_{fa,\vartheta} = q_{fa,s,\vartheta} + q_{fa,l,\vartheta} \tag{4-11}$$

式中，$q_{fa,s,\vartheta}$——设计日第 ϑ 时刻（ϑ=1，2，…，24）新风显热得热量，W；

$q_{fa,l,\vartheta}$——设计日第 ϑ 时刻（ϑ=1，2，…，24）新风潜热得热量，W。

（5）瞬时总冷负荷

房间瞬时总冷负荷为：

$$Q_{\vartheta} = Q_{r,\vartheta} + Q_{c,\vartheta} + Q_{l,\vartheta} + Q_{fa,\vartheta} \tag{4-12}$$

式中，Q_{ϑ}——设计日第 ϑ 时刻（ϑ=1，2，…，24）房间瞬时总冷负荷，W。

4.3　辐射时间序列生成方法

4.3.1　生成辐射时间序列的热平衡方法

热平衡方法利用房间热平衡计算模型生成辐射时间序列[2]。房间热平衡计算模型包括输入的单位矩形脉冲辐射热量、房间内表面与其他表面的长波辐射换热、房间内表面与室内空气的对流换热以及围护结构导热[3]，其中围护结构导热通过状态空间方法进行求解。对房间的围护结构各节点和空气节点列出热平衡方程，联立求解得到24项辐射时间系数。

4.3.2　生成辐射时间序列输入条件与计算

设置房间结构类型和几何特征，房间特征参数如表4.2所示，外墙类型取自《民用建筑供暖通风空气调节设计规范》GB 50736—2012[4]，各外墙类型的热工性能参数见附录表A1。内墙类型为国内普遍采用类型[5-8]，并用内表面蓄热系数 S_n 量化[9]，各内墙类型的热工性能参数及内表面蓄热系数见附录表A7。窗户传热系数从ASHRAE手册[1]获取。地板有50%的面积被25mm厚度的木制家具覆盖。基于房间绝热边界条件，输入以24h为周期，第一个时刻为单位矩形脉冲辐射热量，建立热平衡方程，迭代求解达到稳定后，得到各时段内向室内空气传递的热量即为辐射时间序列。

房间特征参数　　**表 4.2**

特征参数	取值范围	特征参数	取值范围
外墙类型	11 种典型墙体	窗墙比	0.1 ~0.9（间隔0.1）
内墙类型	12 种典型墙体	房间进深（m）	3，5，7，9
窗户传热系数 [W/(m^2 · K)]	1.02 ~5.91 内共 73 个值[1]	房间宽度（m）	3，5，7，9
地板类型	有地毯/无地毯	房间高度（m）	3，3.5，4，4.5，5
顶棚类型	无吊顶/金属板吊顶/石膏板吊顶/隔音板吊顶		

4.3.3　辐射时间序列生成

根据统计学中样本容量要求[10]，利用蒙特卡罗方法从表 4.2 中随机抽取各房间特征参数对应的类型或值，对外区房间和内区房间分别生成由特征参数组合而成的 10 万个房间。利用热平衡方法计算在单位矩形脉冲辐射热量作用下各个房间的辐射时间序列，作为辐射时间序列分类的基础数据集。

4.3.4　辐射时间系数的影响参数与分类优化

影响辐射时间系数的房间特征参数包括外墙类型、内墙类型、窗户传热系数、地板类型、顶棚类型、窗墙比、房间进深、房间宽度和房间高度。用分类提升算法确定特征重要性排序。通过权衡特征重要性与分类实用性，确定用于分类的特征[11]。外区房间的非太阳辐射时间序列按照内墙类型、顶棚类型、地板类型分为 12 类；内区房间的非太阳辐射时间序列按照内墙类型、顶棚类型分为 6 类；外区房间的太阳辐射时间序列按照内墙类型、顶棚类型、地板类型分为 8 类。再用聚类算法求取每一类的代表性辐射时间序列。

4.3.5　辐射时间序列

（1）非太阳辐射时间序列

外区房间和内区房间的代表性非太阳辐射时间序列列于表 4.3 和表 4.4 中。

代表性非太阳辐射时间序列（外区）　　表 4.3

类型号	1	2	3	4	5	6	7	8	9	10	11	12
内墙类型	$S_n<2$[W/(m^2·K)]				$2\leqslant S_n<6$[W/(m^2·K)]				$S_n\geqslant 6$[W/(m^2·K)]			
顶棚类型	隔音板吊顶		其他类型		隔音板吊顶		其他类型		隔音板吊顶		其他类型	
地板类型	有地毯	无地毯	有地毯	无地毯	有地毯	无地毯	有地毯	无地毯	有地毯	无地毯	有地毯	无地毯
小时（h）	辐射时间系数（%）											
0	47	43	40	37	35	32	29	27	33	30	27	25
1	14	15	15	15	12	12	13	13	10	10	11	11
2	8	9	9	10	8	8	9	9	7	7	7	8
3	5	6	6	7	6	6	6	7	5	5	6	6
4	4	4	5	5	5	5	5	5	4	5	5	5
5	3	3	3	4	4	4	4	4	4	4	4	4
6	2	2	3	3	3	3	3	4	3	3	4	4
7	2	2	2	2	3	3	3	3	3	3	3	3
8	1	2	2	2	2	3	3	3	3	3	3	3
9	1	1	1	1	2	2	3	3	3	3	3	3
10	1	1	1	1	2	2	2	2	2	2	2	3
11	1	1	1	1	2	2	2	2	2	2	2	2
12	1	1	1	1	2	2	2	2	2	2	2	2
13	1	1	1	1	2	2	2	2	2	2	2	2
14	1	1	1	1	2	2	2	2	2	2	2	2
15	1	1	1	1	2	2	2	2	2	2	2	2
16	1	1	1	1	1	2	2	2	2	2	2	2
17	1	1	1	1	1	2	2	2	2	2	2	2
18	1	1	1	1	1	1	1	1	2	2	2	2
19	1	1	1	1	1	1	1	1	2	2	2	2
20	1	1	1	1	1	1	1	1	2	2	2	2
21	1	1	1	1	1	1	1	1	1	2	2	2
22	1	1	1	1	1	1	1	1	1	2	2	2
23	0	0	1	1	1	1	1	1	1	1	1	1

代表性非太阳辐射时间序列（内区）　　表 4.4

类型号	1	2	3	4	5	6
内墙类型	$S_n<2$[W/(m^2·K)]		$2\leqslant S_n<6$[W/(m^2·K)]		$S_n\geqslant6$[W/(m^2·K)]	
顶棚类型	隔音板吊顶	其他类型	隔音板吊顶	其他类型	隔音板吊顶	其他类型
小时(h)	辐射时间系数(%)					
0	46	38	30	25	27	22
1	17	17	13	13	10	11
2	10	11	9	9	7	8
3	6	7	7	7	6	6
4	4	5	5	5	5	5
5	3	4	4	4	4	4
6	2	3	4	4	4	4
7	2	2	3	3	3	3
8	1	2	3	3	3	3
9	1	1	2	3	3	3
10	1	1	2	2	3	3
11	1	1	2	2	3	3
12	1	1	2	2	2	3
13	1	1	2	2	2	2
14	1	1	2	2	2	2
15	1	1	2	2	2	2
16	1	1	1	2	2	2
17	1	1	1	2	2	2
18	0	1	1	2	2	2
19	0	1	1	2	2	2
20	0	0	1	1	2	2
21	0	0	1	1	2	2
22	0	0	1	1	1	2
23	0	0	1	1	1	2

对于非太阳辐射时间序列，假设辐射得热均匀分布在房间所有内表面，应用于计算围护结构（墙体、窗户、顶棚和地板）传导得热、室内热源（人员、照明、设备）显热得热中辐射热量到冷负荷的转化，以及在窗户有内遮阳条件下太阳散射辐射和直射辐射得热量到冷负荷的转化。

（2）太阳辐射时间序列

代表性太阳辐射时间序列分别列于表4.5中。

代表性太阳辐射时间序列 **表4.5**

类型号	1	2	3	4	5	6	7	8
内墙类型	$S_n<2$[W/(m^2·K)]				$S_n\geq2$[W/(m^2·K)]			
顶棚类型	隔音板吊顶		其他类型		隔音板吊顶		其他类型	
地板类型	有地毯	无地毯	有地毯	无地毯	有地毯	无地毯	有地毯	无地毯
小时(h)	辐射时间系数(%)							
0	43	31	40	29	38	28	36	26
1	12	14	12	14	10	12	10	12
2	8	9	8	9	7	8	7	8
3	5	7	6	7	5	6	5	6
4	4	5	4	6	4	5	4	5
5	3	4	4	4	4	4	4	4
6	3	4	3	4	3	4	3	4
7	2	3	2	3	3	3	3	3
8	2	3	2	3	3	3	3	3
9	2	2	2	2	2	3	2	3
10	2	2	2	2	2	3	2	3
11	2	2	2	2	2	2	2	2
12	1	2	2	2	2	2	2	2
13	1	2	1	2	2	2	2	2
14	1	1	1	2	2	2	2	2
15	1	1	1	1	2	2	2	2

续表

类型号	1	2	3	4	5	6	7	8
内墙类型	$S_n<2$[W/(m^2·K)]				$S_n\geq2$[W/(m^2·K)]			
顶棚类型	隔音板吊顶		其他类型		隔音板吊顶		其他类型	
地板类型	有地毯	无地毯	有地毯	无地毯	有地毯	无地毯	有地毯	无地毯
小时(h)	辐射时间系数(%)							
16	1	1	1	1	2	2	2	2
17	1	1	1	1	1	2	2	2
18	1	1	1	1	1	2	2	2
19	1	1	1	1	1	1	1	2
20	1	1	1	1	1	1	1	2
21	1	1	1	1	1	1	1	1
22	1	1	1	1	1	1	1	1
23	1	1	1	1	1	1	1	1

对于太阳辐射时间序列，假设太阳直射辐射得热仅分布在地板和家具表面，应用于计算在窗户无内遮阳条件下太阳直射辐射热到冷负荷的转化。

4.4 冷负荷算例

4.4.1 算例房间与计算条件

(1) 算例房间

以图4.2所示的长沙市某一办公室房间为例，计算房间冷负荷。该房间进深、宽度和高度分别为3.5m、3.5m和3m，仅有一面外墙，外墙为东南朝向，其上有一外窗，窗墙比为0.2。外墙结构为附录表A1中的13号，从外到内依次为65mm厚的岩棉和240mm厚的多孔砖，其周期响应系数见附录表A3中第13号。窗户为双层中空玻璃，包括3mm透明玻璃和6mm空气层。外墙和窗户的传热系数分别为 0.54W/(m^2·K) 和 3.12W/(m^2·K)。内墙类型为附录表 A7 中的 4 号。地板有地毯覆盖，顶棚上装有隔音板。根据房间结构类型，从表 4.3 和表 4.5 分别选取非太阳辐射时间序列类型 9 和太阳辐射时间序列类型 5。假设无内遮阳，房间内遮阳衰减系数 $IAC=1$，太阳直射得热的辐射热分配比例 $F_r=1.0$。外墙外表面太阳辐射吸收率为 0.65。此算例中设新风量为 30m^3/(h·人)，实际建筑所需新风量根据最小新风量确定方法确定[12]。内热源设置参照国内外相关规范[1,13,14]，照明采用嵌入式 LED 灯盘，设备为台式电脑，见表 4.6。

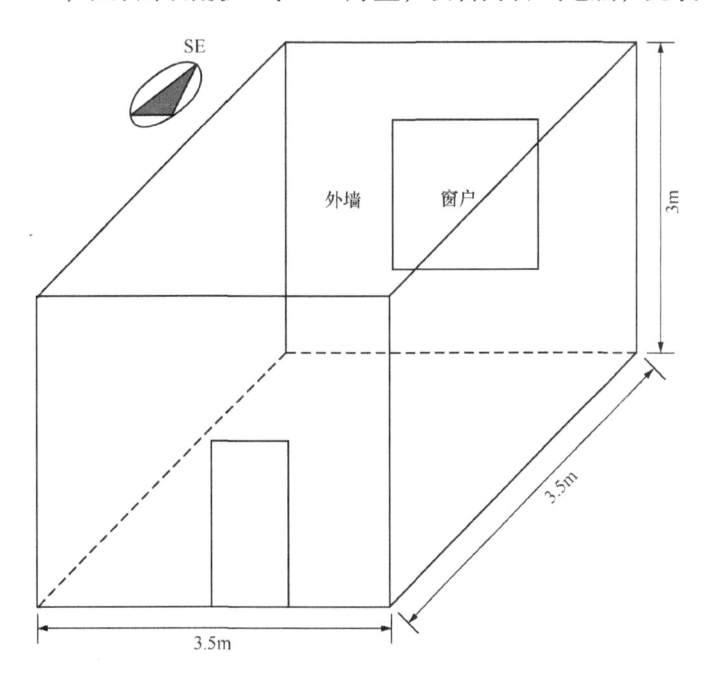

图 4.2　算例房间示意图

算例房间内热源设置　表 4.6

内热源	时间表	得热（W）		辐射热分配比例
		显热	潜热	
人员	8:00-17:00	66.00	68.00	0.60
照明	7:00-19:00	98.00	—	0.37
设备	8:00-17:00	183.75	—	0.10

（2）室内外计算参数

长沙空调设计室外计算参数根据相关暖通空调设计规范及专题说明确定[4,15]，并列于表 4.7。室内设计参数设定为室内温度 26℃，室内相对湿度 60%[4,16]。

长沙室外计算参数　　**表 4.7**

时间	日平均温度（℃）	干球温度（℃）	湿球温度（℃）	天空法向直射辐射（W/m²）	水平面散射辐射（W/m²）	水平面总辐射（W/m²）
1:00	32.7	30.6	28.1	0	0	0
2:00		30.4	28.1	0	0	0
3:00		30.1	28.1	0	0	0
4:00		29.9	28.1	0	0	0
5:00		29.8	28.1	0	0	0
6:00		30.2	28.1	54.66	10.25	15.68
7:00		31.0	28.1	321.80	54.74	108.90
8:00		31.9	28.1	578.35	93.11	312.43
9:00		32.8	28.1	714.04	109.23	521.26
10:00		33.6	28.1	800.50	130.31	729.43
11:00		34.4	28.1	847.03	132.62	877.88
12:00		35.1	28.1	870.56	140.09	977.86
13:00		35.6	28.1	878.54	133.61	1003.62
14:00		35.8	28.1	870.34	139.86	976.93
15:00		35.7	28.1	846.79	132.72	876.86
16:00		35.5	28.1	799.78	129.98	727.35
17:00		35.0	28.1	712.95	109.17	519.24
18:00		34.4	28.1	576.74	92.94	310.46
19:00		33.5	28.1	317.73	53.97	106.87
20:00		32.7	28.1	52.54	9.87	15.07

续表

时间	日平均温度（℃）	干球温度（℃）	湿球温度（℃）	天空法向直射辐射（W/m^2）	水平面散射辐射（W/m^2）	水平面总辐射（W/m^2）
21:00	32.7	32.1	28.1	0	0	0
22:00		31.6	28.1	0	0	0
23:00		31.3	28.1	0	0	0
24:00		30.9	28.1	0	0	0

4.4.2　得热计算

（1）计算墙体传导得热量

采用苏联太阳辐射基础数据进行插值计算得到水平面太阳总辐射，进而求得入射到东南向墙体表面的逐时太阳辐射，见表 4.8。首先计算室外空气综合温度，再用周期响应系数方法计算墙体传导得热。不同外墙类型对应的周期响应系数见附录 A 表 A3。

东南向外墙表面接收的太阳辐射　　表 4.8

时间	太阳高度角（°）	太阳直射辐射			太阳散射辐射			表面接收的太阳辐射（W/m^2）
		直射入射角（°）	天空法向直射辐射（W/m^2）	壁面直射辐射（W/m^2）	水平面散射辐射（W/m^2）	地面散射辐射（W/m^2）	天空散射辐射（W/m^2）	
1:00	0	90.0	0	0	0	0	0	0
2:00	0	90.0	0	0	0	0	0	0
3:00	0	90.0	0	0	0	0	0	0
4:00	0	90.0	0	0	0	0	0	0
5:00	0	90.0	0	0	0	0	0	0
6:00	1.6	67.1	54.66	21.31	10.25	1.96	7.87	31.14
7:00	9.4	63.3	321.80	144.80	54.74	13.61	44.34	202.75
8:00	22.2	59.5	578.35	293.82	93.11	39.05	79.41	412.28

续表

时间	太阳高度角（°）	太阳直射辐射			太阳散射辐射			表面接收的太阳辐射（W/m²）
		直射入射角（°）	天空法向直射辐射（W/m²）	壁面直射辐射（W/m²）	水平面散射辐射（W/m²）	地面散射辐射（W/m²）	天空散射辐射（W/m²）	
9:00	35.2	58.9	714.04	369.08	109.23	65.16	93.89	528.13
10:00	48.5	61.6	800.50	380.95	130.31	91.18	108.01	580.14
11:00	61.6	67.2	847.03	328.53	132.63	109.74	101.67	539.94
12:00	74.2	75.0	870.56	225.27	140.09	122.23	95.83	443.33
13:00	82.0	84.4	878.54	85.60	133.61	125.45	79.57	290.62
14:00	74.1	—	870.34	0	139.86	122.12	72.03	194.15
15:00	61.5	—	846.79	0	132.72	109.61	60.13	169.74
16:00	48.3	—	799.78	0	129.98	90.92	58.49	149.41
17:00	35.1	—	712.95	0	109.17	64.91	49.13	114.04
18:00	22.0	—	576.74	0	92.94	38.81	41.82	80.63
19:00	9.3	—	317.73	0	53.97	13.36	24.29	37.65
20:00	1.5	—	52.54	0	9.87	1.88	4.44	6.32
21:00	0	90.0	0	0	0	0	0	0
22:00	0	90.0	0	0	0	0	0	0
23:00	0	90.0	0	0	0	0	0	0
24:00	0	90.0	0	0	0	0	0	0

下面以设计日 13:00 的得热和负荷计算为例进行详细计算，其他时刻的计算过程相同。

13:00 室外综合温度按式（3-1）计算。

$$t_{e,13} = t_{o,13} + \frac{\alpha E_{t,13}}{h_o} - \frac{\varepsilon \Delta R}{h_o} = 35.6 + \frac{0.65 \times 290.62}{18.6} - 0 = 45.8℃$$

13:00 墙体传导得热量按式（3-2）计算。

$$
\begin{aligned}
q_{e,13} &= A_e\left[\sum_{i=0}^{12} Y_{p,i}(t_{e,13-i}-t_{rc})+\sum_{i=13}^{23} Y_{p,i}(t_{e,24+13-i}-t_{rc})\right] \\
&= (1-0.2)\times 10.5\times(0.0158\times 19.8+0.0151\times 24.6+0.0154\times 27.3 \\
&\quad +0.0181\times 27.9+0.0221\times 25.3+0.0255\times 20.3+0.0278\times 12.1 \\
&\quad +0.0290\times 5.3+0.0294\times 3.8+0.0292\times 3.9+0.0287\times 4.1 \\
&\quad +0.0279\times 4.4+0.0270\times 4.6+0.0260\times 4.9+0.0250\times 5.3 \\
&\quad +0.0239\times 5.6+0.0229\times 6.1+0.0219\times 6.9+0.0209\times 8.8 \\
&\quad +0.0200\times 11.2+0.0191\times 13.0+0.0182\times 14.7+0.0174\times 15.6 \\
&\quad +0.0166\times 16.6) \\
&= 49.75\text{W}
\end{aligned}
$$

设计日24h室外综合温度和墙体传导得热量列于表4.9。

室外综合温度和墙体传导得热量 **表4.9**

时间	室外温度（℃）	室外综合温度（℃）	室内温度（℃）	墙体传导得热量（W）
1:00	30.6	30.6	26.0	59.02
2:00	30.4	30.4	26.0	57.98
3:00	30.1	30.1	26.0	56.80
4:00	29.9	29.9	26.0	55.52
5:00	29.8	29.8	26.0	54.18
6:00	30.2	31.3	26.0	52.80
7:00	31.0	38.1	26.0	51.41
8:00	31.9	46.3	26.0	50.05
9:00	32.8	51.3	26.0	48.85
10:00	33.6	53.9	26.0	48.06
11:00	34.4	53.3	26.0	47.89
12:00	35.1	50.6	26.0	48.47
13:00	35.6	45.8	26.0	49.75
14:00	35.8	42.6	26.0	51.49

续表

时间	室外温度（℃）	室外综合温度（℃）	室内温度（℃）	墙体传导得热量（W）
15:00	35.7	41.6	26.0	53.47
16:00	35.5	40.7	26.0	55.41
17:00	35.0	39.0	26.0	57.11
18:00	34.4	37.2	26.0	58.51
19:00	33.5	34.8	26.0	59.59
20:00	32.7	32.9	26.0	60.34
21:00	32.1	32.1	26.0	60.74
22:00	31.6	31.6	26.0	60.79
23:00	31.3	31.3	26.0	60.48
24:00	30.9	30.9	26.0	59.88

（2）计算窗户得热量

窗户得热量由透过窗户的太阳辐射得热量和窗户传导得热量两部分组成。太阳辐射得热量包括太阳直射得热量和太阳散射得热量。根据 ASHRAE 基础手册[1]，3mm 双层中空玻璃的 $SHGC(0)=0.76$，$SHGC_D=0.66$。

13:00 太阳直射得热量按式（3-10）计算。

$$q_{br,13}=A_w(IAC)SHGC(0°)R(\theta_{13})E_{tb,13}=0.2\times10.5\times1\times0.76\times0.1454\times85.60=19.86\text{W}$$

13:00 太阳散射得热量按式（3-6）计算。

$$\begin{aligned}q_{dr,13}&=A_w(IAC_D)(SHGC_D)(E_{td,13}+E_{tr,13})\\&=0.2\times10.5\times1\times0.66\times(79.57+125.45)\\&=284.16\text{W}\end{aligned}$$

13:00 窗户传导得热量按式（3-5）计算。

$$q_{w,13}=A_wU_w(t_{o,13}-t_{rc})=0.2\times10.5\times3.12\times35.6-26.0=62.90\text{W}$$

设计日 24h 窗户太阳直射得热量、太阳散射得热量和传导得热量列于表4.10。

窗户太阳辐射得热量和传导得热　表 4.10

时间	太阳直射得热量（W）					太阳散射得热量（W）					传导得热量（W）		总窗户得热（W）
	天空法向直射辐射（W/m²）	壁面直射辐射（W/m²）	直射得热系数	内遮阳系数	直射得热量（W）	水平面散射辐射（W/m²）	地面散射辐射（W/m²）	天空散射辐射（W/m²）	散射得热系数	散射得热量（W）	室外温度（℃）	传导得热量（W）	
1:00	0	0	0	1.00	0	0	0	0	0.66	0	30.6	30.14	30.14
2:00	0	0	0	1.00	0	0	0	0	0.66	0	30.4	28.83	28.83
3:00	0	0	0	1.00	0	0	0	0	0.66	0	30.1	26.86	26.86
4:00	0	0	0	1.00	0	0	0	0	0.66	0	29.9	25.55	25.55
5:00	0	0	0	1.00	0	0	0	0	0.66	0	29.8	24.90	24.90
6:00	54.66	21.31	0.41	1.00	18.41	10.25	1.96	7.87	0.66	13.62	30.2	27.52	59.55
7:00	321.80	144.80	0.45	1.00	137.37	54.74	13.61	44.34	0.66	80.32	31.0	32.76	250.45
8:00	578.35	293.82	0.49	1.00	301.85	93.11	39.05	79.41	0.66	164.19	31.9	38.66	504.70
9:00	714.04	369.08	0.49	1.00	381.65	109.23	65.16	93.89	0.66	220.44	32.8	44.55	646.64
10:00	800.50	380.95	0.47	1.00	375.62	130.31	91.18	108.01	0.66	276.08	33.6	49.80	701.50
11:00	847.03	328.53	0.41	1.00	282.88	132.63	109.74	101.67	0.66	293.01	34.4	55.04	630.93
12:00	870.56	225.27	0.29	1.00	136.59	140.09	122.23	95.83	0.66	302.23	35.1	59.62	498.44

续表

时间	太阳直射得热量（W）					太阳散射得热量（W）					传导得热量（W）		总窗户得热（W）
	天空法向直射辐射（W/m^2）	壁面直射辐射（W/m^2）	直射得热系数	内遮阳系数	直射得热量（W）	水平面散射辐射（W/m^2）	地面散射辐射（W/m^2）	天空散射辐射（W/m^2）	散射得热系数	散射得热量（W）	室外温度（℃）	传导得热量（W）	
13:00	878.54	85.60	0.11	1.00	19.86	133.61	125.45	79.57	0.66	284.16	35.6	62.90	366.92
14:00	870.34	0	0	1.00	0	139.86	122.12	72.03	0.66	269.09	35.8	64.21	333.30
15:00	846.79	0	0	1.00	0	132.72	109.61	60.13	0.66	235.26	35.7	63.55	298.81
16:00	799.78	0	0	1.00	0	129.98	90.92	58.49	0.66	207.08	35.5	62.24	269.32
17:00	712.95	0	0	1.00	0	109.17	64.91	49.13	0.66	158.06	35.0	58.97	217.03
18:00	576.74	0	0	1.00	0	92.94	38.81	41.82	0.66	111.75	34.4	55.04	166.79
19:00	317.73	0	0	1.00	0	53.97	13.36	24.29	0.66	52.18	33.5	49.14	101.32
20:00	52.54	0	0	1.00	0	9.87	1.88	4.44	0.66	8.76	32.7	43.90	52.66
21:00	0	0	0	1.00	0	0	0	0	0.66	0	32.1	39.97	39.97
22:00	0	0	0	1.00	0	0	0	0	0.66	0	31.6	36.69	36.69
23:00	0	0	0	1.00	0	0	0	0	0.66	0	31.3	34.73	34.73
24:00	0	0	0	1.00	0	0	0	0	0.66	0	30.9	32.10	32.10

(3) 计算室内热源得热

各时刻人员、照明和设备的得热量列于表4.11中。

人员、照明和设备得热量　表4.11

时间	占用情况（%）			得热（W）			
	人员	照明	设备	人员		照明	设备
				显热	潜热		
1:00	0	0	0	0	0	0	0
2:00	0	0	0	0	0	0	0
3:00	0	0	0	0	0	0	0
4:00	0	0	0	0	0	0	0
5:00	0	0	0	0	0	0	0
6:00	0	0	0	0	0	0	0
7:00	0	100	0	0	0	98.00	0
8:00	100	100	100	66.00	68.00	98.00	183.75
9:00	100	100	100	66.00	68.00	98.00	183.75
10:00	100	100	100	66.00	68.00	98.00	183.75
11:00	100	100	100	66.00	68.00	98.00	183.75
12:00	100	100	100	66.00	68.00	98.00	183.75
13:00	100	100	100	66.00	68.00	98.00	183.75
14:00	100	100	100	66.00	68.00	98.00	183.75
15:00	100	100	100	66.00	68.00	98.00	183.75
16:00	100	100	100	66.00	68.00	98.00	183.75
17:00	100	100	100	66.00	68.00	98.00	183.75
18:00	0	100	0	0	0	98.00	0
19:00	0	100	0	0	0	98.00	0
20:00	0	0	0	0	0	0	0
21:00	0	0	0	0	0	0	0
22:00	0	0	0	0	0	0	0
23:00	0	0	0	0	0	0	0
24:00	0	0	0	0	0	0	0

（4）计算新风得热量

13:00 新风显热得热量按式（3-15）计算：

$$\begin{aligned} q_{fa,s,13} &= \rho_{fa} V_{fa} c_p (t_{o,13} - t_{rc}) \\ &= 1.2 \times 0.0083 \times 1010 \times (35.6 - 26.0) \\ &= 96.57\text{W} \end{aligned}$$

13:00 室外空气含湿量按式（3-17）计算：

$$\begin{aligned} W_{o,13} &= \frac{(2501 - 2.326 t_{w,13}) W_{13}^{*} - 1.006 (t_{o,13} - t_{w,13})}{2501 + 1.86 t_{o,13} - 4.186 t_{w,13}} \\ &= \frac{(2501 - 2.326 \times 28.1) \times 0.0244 - 1.006 \times (35.6 - 28.1)}{2501 + 1.86 \times (35.6 - 4.186 \times 28.1)} \\ &= 0.0212\text{kg/kg}_{干空气} \end{aligned}$$

13:00 新风潜热得热量按式（3-16）计算：

$$\begin{aligned} q_{fa,l,13} &= \rho_{fa} V_{fa} h_a (W_{o,13} - W_{rc}) \\ &= 1.2 \times 0.0083 \times 2430 \times 10^3 \times (0.0212 - 0.0126) \\ &= 208.14\text{W} \end{aligned}$$

（5）计算室内潜热得热量

13:00 室内潜热得热为人员产生的潜热：

$$q_{l,13} = q_{pers,l,13} = 68.00\text{W}$$

4.4.3 得热分离

根据表 4.1 显热得热的分配比例，将房间的显热得热分离为辐射热量和对流热量。

（1）墙体传导得热分离

由表 4.1 可知，墙体传导得热量的辐射分配比例为 0.46，13:00 墙体传导得热中的辐射热量为：

$$q_{e,13r} = 0.46q_{e,13} = 0.46 \times 49.75 = 22.89\text{W}$$

13:00 墙体传导得热中的对流热量为：

$$q_{e,13c} = 0.54q_{e,13} = 0.54 \times 49.75 = 26.86\text{W}$$

设计日各时刻墙体传导得热量的辐射热量和对流热量列于表 4.12 中。

（2）窗户得热分离

根据玻璃窗 $SHGC_D$ 确定窗户传导得热和太阳散射得热的辐射热分配比例。$SHGC_D$ 小于 0.5 和大于 0.5 时的辐射热分配比例分别为 0.46 和 0.33。该算例窗户 $SHGC_D = 0.66 > 0.5$，其辐射热分配比例为 0.33。

13:00 传导得热量与太阳散射得热量中的对流热量为：

$$q_{wdr,13c} = 0.67(q_{dr,13} + q_{w,13}) = 0.67 \times (284.16 + 62.90) = 232.53\text{W}$$

13:00 传导得热量与太阳散射得热量中的辐射热量为：

$$q_{wdr,13r} = 0.33(q_{dr,13} + q_{w,13}) = 0.33 \times (284.16 + 62.90) = 114.53\text{W}$$

无内遮阳时，太阳直射得热的辐射热分配比例为 100%，13:00 太阳辐射热量为：

$$q_{sr,13} = F_r q_{br,13} = 19.86 \times 100\% = 19.86\text{W}$$

设计日 24h 窗户传导得热和太阳散射得热构成的非太阳辐射热量与对流热量及太阳直射得热构成的太阳辐射热量列于表 4.12 中。

（3）室内热源得热分离

13:00 人员、照明和设备得热量中的辐射热量分别为：

$$q_{pers,13r} = 0.6q_{pers,13} = 0.6 \times 66.00 = 39.60\text{W}$$

$$q_{light,13r} = 0.37q_{light,13} = 0.37 \times 98.00 = 36.26\text{W}$$

$$q_{elec,13r} = 0.1q_{elec,13} = 0.1 \times 183.75 = 18.38\text{W}$$

13:00 室内热源产生的辐射热量为：

$$q_{in,13r} = q_{pers,13r} + q_{light,13r} + q_{elec,13r} = 39.60 + 36.26 + 18.38 = 94.24\text{W}$$

13:00 人员、照明和设备得热量中的对流热量分别为：

$$q_{\mathrm{pers},13\mathrm{c}} = 0.4q_{\mathrm{pers},13} = 0.4 \times 66.00 = 26.40\mathrm{W}$$

$$q_{\mathrm{light},13\mathrm{c}} = 0.63q_{\mathrm{light},13} = 0.63 \times 98.00 = 61.74\mathrm{W}$$

$$q_{\mathrm{elec},13\mathrm{c}} = 0.9q_{\mathrm{elec},13} = 0.9 \times 183.75 = 165.37\mathrm{W}$$

13:00 室内热源产生的对流热量为：

$$q_{\mathrm{in},13\mathrm{c}} = q_{\mathrm{pers},13\mathrm{c}} + q_{\mathrm{light},13\mathrm{c}} + q_{\mathrm{elec},13\mathrm{c}} = 26.40 + 61.74 + 165.37 = 253.51\mathrm{W}$$

设计日 24h 室内热源产生的辐射热量和对流热量列于表 4.12 中。

（4）室内得热的辐射热量和对流热量

13:00 非太阳辐射热量为：

$$q_{\mathrm{nr},13} = q_{\mathrm{e},13\mathrm{r}} + q_{\mathrm{wdr},13\mathrm{r}} + q_{\mathrm{in},13\mathrm{r}} = 22.89 + 114.53 + 94.24 = 231.66\mathrm{W}$$

13:00 对流热量为：

$$q_{c,13} = q_{\mathrm{e},13\mathrm{c}} + q_{\mathrm{wdr},13\mathrm{c}} + q_{\mathrm{in},13\mathrm{c}} = 26.86 + 232.53 + 253.51 = 512.90\mathrm{W}$$

房间各时刻非太阳辐射热量、太阳辐射热量和对流热量列于表 4.12 中。

4.4.4 冷负荷计算

用非太阳辐射时间序列类型 9 的非太阳辐射时间系数，按式（4-5）计算 13:00非太阳辐射热转化的冷负荷。

$$\begin{aligned}
Q_{\mathrm{nr},13} &= r_{\mathrm{n},0}q_{\mathrm{nr},13} + r_{\mathrm{n},1}q_{\mathrm{nr},12} + r_{\mathrm{n},2}q_{\mathrm{nr},11} + r_{\mathrm{n},3}q_{\mathrm{nr},10} + \cdots + r_{\mathrm{n},23}q_{\mathrm{nr},14} \\
&= 0.33 \times 231.66 + 0.10 \times 235.95 + 0.07 \times 231.13 + 0.05 \times 223.89 \\
&\quad + 0.04 \times 204.16 + 0.04 \times 184.20 + 0.03 \times 97.23 + 0.03 \times 37.87 \\
&\quad + 0.03 \times 33.14 + 0.03 \times 33.97 + 0.02 \times 34.99 + 0.02 \times 36.18 \\
&\quad + 0.02 \times 37.10 + 0.02 \times 38.13 + 0.02 \times 39.28 + 0.02 \times 40.07 \\
&\quad + 0.02 \times 41.13 + 0.02 \times 45.14 + 0.02 \times 97.11 + 0.02 \times 118.21 \\
&\quad + 0.02 \times 192.13 + 0.01 \times 208.61 + 0.01 \times 217.45 + 0.01 \times 227.92 \\
&= 169.95\mathrm{W}
\end{aligned}$$

用太阳辐射时间序列类型5的太阳辐射时间系数，按式（4-6）计算13:00太阳辐射热转化的冷负荷。

$$
\begin{aligned}
Q_{sr,13} &= r_{s,0}q_{sr,13} + r_{s,1}q_{sr,12} + r_{s,2}q_{sr,11} + r_{s,3}q_{sr,10} + \cdots + r_{s,23}q_{sr,14} \\
&= 0.38 \times 19.86 + 0.10 \times 136.59 + 0.07 \times 282.88 + 0.05 \times 375.62 \\
&\quad + 0.04 \times 381.65 + 0.04 \times 301.85 + 0.03 \times 137.37 + 0.03 \times 18.41 \\
&\quad + 0.03 \times 0 + 0.02 \times 0 + 0.02 \times 0 + 0.02 \times 0 + 0.02 \times 0 + 0.02 \times 0 \\
&\quad + 0.02 \times 0 + 0.02 \times 0 + 0.02 \times 0 + 0.01 \times 0 + 0.01 \times 0 \\
&\quad + 0.01 \times 0 + 0.01 \times 0 + 0.01 \times 0 + 0.01 \times 0 + 0.01 \times 0 \\
&= 91.80\text{W}
\end{aligned}
$$

13:00对流冷负荷为：

$$Q_{c,13} = q_{c,13} = 512.90\text{W}$$

13:00室内人员潜热负荷为：

$$Q_{l,13} = q_{l,13} = 68.00\text{W}$$

13:00新风负荷为：

$$Q_{fa,13} = q_{fa,s,13} + Q_{fa,l,13} = 96.57 + 208.14 = 304.71\text{W}$$

13:00的总冷负荷为：

$$
\begin{aligned}
Q_{13} &= Q_{nr,13} + Q_{sr,13} + Q_{c,13} + Q_{l,13} + Q_{fa,13} \\
&= 169.95 + 91.80 + 512.90 + 68.00 + 304.71 \\
&= 1147.36\text{W}
\end{aligned}
$$

24h的非太阳辐射热量转化的冷负荷、太阳辐射热量转化的冷负荷、对流冷负荷、室内潜热冷负荷、新风负荷和房间总负荷如表4.12所示。

房间冷负荷汇总　　表 4.12

时间	室内显热冷负荷（W）													室内潜热冷负荷（W）	新风冷负荷（W）		房间总冷负荷（W）
	非太阳辐射冷负荷（W）						太阳辐射冷负荷（W）			对流冷负荷（W）							
	墙体传导辐射热量（W）	窗户传导和太阳散射辐射热量（W）	室内热源辐射热量（W）	非太阳辐射热（W）	非太阳辐射时间系数（%）	辐射冷负荷（W）	太阳直射辐射热量（W）	太阳辐射时间系数（%）	辐射冷负荷（W）	墙体传导对流热量（W）	窗户传导和太阳散射对流热量（W）	室内热源对流热量（W）	对流冷负荷（W）	人员潜热冷负荷（W）	显热负荷（W）	潜热负荷（W）	
1:00	27.15	9.95	0	37.10	33	82.29	0	38	28.51	31.87	20.19	0	52.06	0	0	0	162.86
2:00	26.67	9.51	0	36.18	10	80.13	0	10	24.69	31.31	19.32	0	50.63	0	0	0	155.45
3:00	26.13	8.86	0	34.99	7	78.03	0	7	20.94	30.67	18.00	0	48.67	0	0	0	147.64
4:00	25.54	8.43	0	33.97	5	76.09	0	5	18.11	29.98	17.12	0	47.10	0	0	0	141.30
5:00	24.92	8.22	0	33.14	4	73.53	0	4	16.74	29.26	16.68	0	45.94	0	0	0	136.21
6:00	24.29	13.58	0	37.87	4	73.07	18.41	4	23.35	28.51	27.56	0	56.07	0	0	0	152.49
7:00	23.65	37.32	36.26	97.23	3	90.43	137.37	3	69.03	27.76	75.76	61.74	165.26	0	0	0	324.72
8:00	23.02	66.94	94.24	184.20	3	121.80	301.85	3	141.69	27.03	135.91	253.51	416.45	68.00	59.35	246.87	1054.16
9:00	22.47	87.45	94.24	204.16	3	137.65	381.65	3	193.90	26.38	177.54	253.51	457.43	68.00	68.41	237.19	1162.58
10:00	22.11	107.54	94.24	223.89	3	151.45	375.62	2	214.03	25.95	218.34	253.51	497.80	68.00	76.45	227.51	1235.24
11:00	22.03	114.86	94.24	231.13	2	160.16	282.88	2	194.66	25.86	233.19	253.51	512.56	68.00	84.50	220.25	1240.13
12:00	22.30	119.41	94.24	235.95	2	166.95	136.59	2	143.89	26.17	242.44	253.51	522.12	68.00	91.54	212.98	1205.48

续表

时间	室内显热冷负荷（W）													室内潜热冷负荷（W）	新风冷负荷（W）		房间总冷负荷（W）
	非太阳辐射冷负荷（W）						太阳辐射冷负荷（W）			对流冷负荷（W）							
	墙体传导辐射热量（W）	窗户传导和太阳散射辐射热量（W）	室内热源辐射热量（W）	非太阳辐射热（W）	非太阳辐射时间系数（%）	辐射冷负荷（W）	太阳直射辐射热量（W）	太阳辐射时间系数（%）	辐射冷负荷（W）	墙体传导对流热量（W）	窗户传导和太阳散射对流热量（W）	室内热源对流热量（W）	对流冷负荷（W）	人员潜热冷负荷（W）	显热负荷（W）	潜热负荷（W）	
13:00	22.89	114.53	94.24	231.66	2	169.95	19.86	2	91.80	26.86	232.53	253.51	512.90	68.00	96.57	208.14	1147.36
14:00	23.69	109.99	94.24	227.92	2	171.56	0	2	69.71	27.80	223.31	253.51	504.62	68.00	98.58	205.72	1118.19
15:00	24.60	98.61	94.24	217.45	2	171.18	0	2	59.55	28.87	200.20	253.51	482.58	68.00	97.58	205.72	1084.61
16:00	25.49	88.88	94.24	208.61	2	170.51	0	2	52.66	29.92	180.44	253.51	463.87	68.00	95.57	210.56	1061.17
17:00	26.27	71.62	94.24	192.13	2	166.87	0	2	46.62	30.84	145.41	253.51	429.76	68.00	90.54	212.98	1014.77
18:00	26.91	55.04	36.26	118.21	2	143.01	0	1	41.43	31.60	111.75	61.74	205.09	0	0	0	389.53
19:00	27.41	33.44	36.26	97.11	2	130.03	0	1	37.48	32.18	67.88	61.74	161.80	0	0	0	329.31
20:00	27.76	17.38	0	45.14	2	107.75	0	1	34.65	32.58	35.28	0	67.86	0	0	0	210.26
21:00	27.94	13.19	0	41.13	2	98.47	0	1	33.28	32.80	26.78	0	59.58	0	0	0	191.33
22:00	27.96	12.11	0	40.07	1	92.53	0	1	33.08	32.83	24.58	0	57.41	0	0	0	183.02
23:00	27.82	11.46	0	39.28	1	88.18	0	1	32.90	32.66	23.27	0	55.93	0	0	0	177.01
24:00	27.54	10.59	0	38.13	1	85.06	0	1	31.53	32.34	21.51	0	53.85	0	0	0	170.44

4.4.5 房间各部分得热对冷负荷的贡献

以墙体为例，计算其得热所形成的冷负荷，其他部分得热形成的冷负荷可作类似计算。设计日 13:00 墙体得热的辐射热量转化的冷负荷按式（4-5）计算，其他各时刻的冷负荷计算方法相同。

$$
\begin{aligned}
Q_{e,13r} &= r_{n,0}q_{e,13r} + r_{n,1}q_{e,12r} + r_{n,2}q_{e,11r} + r_{n,3}q_{e,10r} + \cdots + r_{n,23}q_{e,14r} \\
&= 0.33 \times 22.89 + 0.1 \times 22.30 + 0.07 \times 22.03 + 0.05 \times 22.11 \\
&\quad + 0.04 \times 22.47 + 0.04 \times 23.02 + 0.03 \times 23.65 + 0.03 \times 24.29 \\
&\quad + 0.03 \times 24.92 + 0.03 \times 25.54 + 0.02 \times 26.13 + 0.02 \times 26.67 \\
&\quad + 0.02 \times 27.15 + 0.02 \times 27.54 + 0.02 \times 27.82 + 0.02 \times 27.96 \\
&\quad + 0.02 \times 27.94 + 0.02 \times 27.76 + 0.02 \times 27.41 + 0.02 \times 26.91 \\
&\quad + 0.02 \times 26.27 + 0.01 \times 25.49 + 0.01 \times 24.6 + 0.01 \times 23.69 \\
&= 23.93\text{W}
\end{aligned}
$$

13:00 墙体总冷负荷为：

$$Q_{e,13} = Q_{e,13r} + Q_{e,13c} = 23.93 + 26.86 = 50.79\text{W}$$

设计日 24h 的房间各部分冷负荷列于表 4.13 中。各部分冷负荷的逐时分布情况见图 4.3。还可以进一步计算出各部分的逐时冷负荷在相应时刻的总冷负荷中所占百分比，进而分析各部分冷负荷对总冷负荷的贡献。

房间各部分冷负荷 **表 4.13**

时间	墙体冷负荷（W）	窗户传导冷负荷（W）	太阳散射得热转化的冷负荷（W）	太阳直射得热转化的冷负荷（W）	室内热源冷负荷（W）	新风冷负荷（W）	房间总冷负荷（W）
1:00	58.24	33.01	19.47	28.51	23.63	0	162.86
2:00	57.53	31.79	18.75	24.69	22.69	0	155.45
3:00	56.69	30.07	18.19	20.94	21.75	0	147.64

续表

时间	墙体冷负荷（W）	窗户传导冷负荷（W）	太阳散射得热转化的冷负荷（W）	太阳直射得热转化的冷负荷（W）	室内热源冷负荷（W）	新风冷负荷（W）	房间总冷负荷（W）
4:00	55.76	28.86	17.55	18.11	21.02	0	141.30
5:00	54.77	28.14	16.84	16.74	19.72	0	136.21
6:00	53.72	29.99	26.65	23.35	18.78	0	152.49
7:00	52.66	33.98	77.87	69.03	91.18	0	324.72
8:00	51.61	38.61	144.21	141.69	371.82	306.22	1054.16
9:00	50.65	43.33	190.83	193.90	378.27	305.60	1162.58
10:00	49.96	47.64	237.39	214.03	382.26	303.96	1235.24
11:00	49.71	51.98	254.31	194.66	384.72	304.75	1240.13
12:00	49.99	55.87	264.60	143.89	386.61	304.52	1205.48
13:00	50.79	58.76	253.17	91.80	388.13	304.71	1147.36
14:00	51.97	60.12	243.02	69.71	389.07	304.30	1118.19
15:00	53.37	59.89	217.90	59.55	390.60	303.30	1084.61
16:00	54.79	59.11	196.36	52.66	392.12	306.13	1061.17
17:00	56.07	56.73	158.19	46.62	393.64	303.52	1014.77
18:00	57.18	53.72	120.94	41.43	116.26	0	389.53
19:00	58.06	49.11	72.68	37.48	111.98	0	329.31
20:00	58.72	44.86	35.93	34.65	36.10	0	210.26
21:00	59.13	41.59	25.87	33.28	31.46	0	191.33
22:00	59.28	38.78	23.39	33.08	28.49	0	183.02
23:00	59.16	37.01	21.70	32.90	26.24	0	177.01
24:00	58.81	34.74	20.42	31.53	24.94	0	170.44

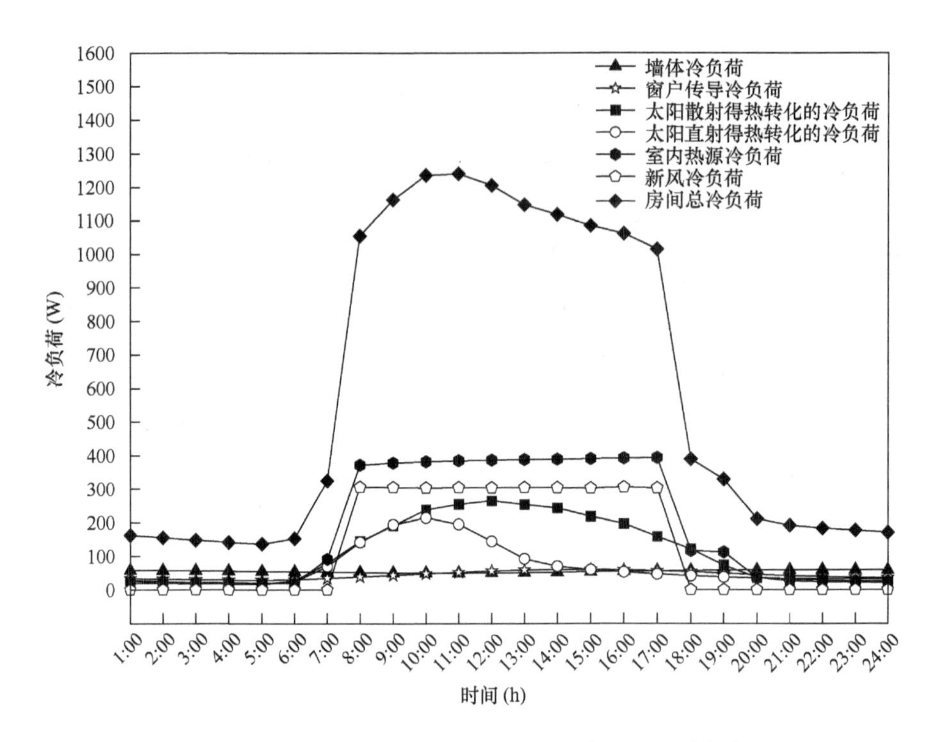

图 4.3　房间各部分得热形成的逐时冷负荷和总冷负荷

4.5　辐射时间序列方法的拓展应用

4.5.1　辐射时间序列方法拓展应用概述

预埋管辐射供冷系统的水管均匀敷设在地板或顶板的找平层或结构层中，其供冷能力比相同工况下的金属辐射板偏小，热惯性偏大，因而辐射末端只承担房间的部分显热负荷，其余的房间显热负荷和全部潜热负荷需要由新风系统来承担。同时，由于辐射末端的表面侧和水侧的动态换热量往往存在较大差别，在设计中需要将其分开考虑。

在进行冷负荷计算时，对图 4.4 所示的预埋管辐射供冷房间，可假设辐射末端是建筑围护结构的一部分，并将辐射末端从房间带走的热量看作房间的“负”

得热量。在空调负荷计算中，通常将房间的动态换热过程视为线性定常系统，房间得热量作为系统的输入，冷负荷作为系统的输出。根据线性定常系统的叠加原理，各种类型的房间得热量转化为冷负荷的过程应符合线性叠加原理，与得热量的大小和“正负”无关。因此，可在常规辐射时间序列方法的基础上，通过一定的修正得到适用于预埋管辐射供冷系统的改进辐射时间序列方法[16]。

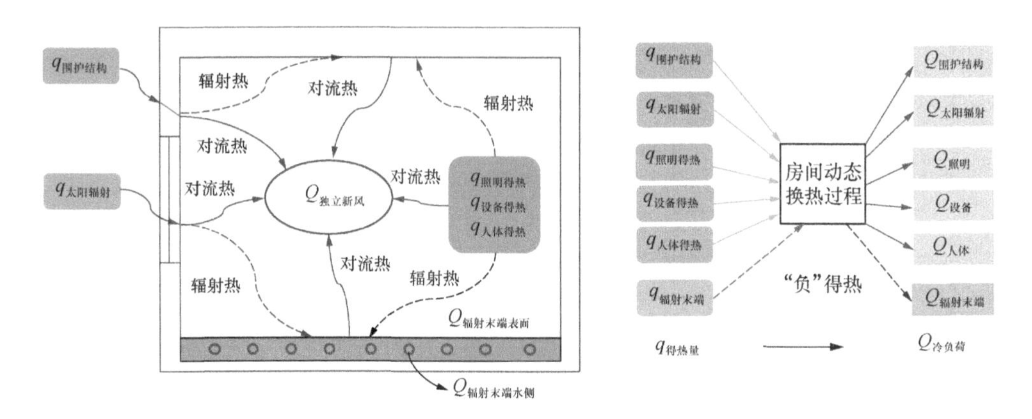

图4.4　预埋管辐射供冷房间的动态换热过程

4.5.2　预埋管辐射供冷系统冷负荷计算

改进辐射时间序列方法与常规辐射时间序列方法的计算流程和方法相似，主要区别在于辐射末端“负”得热量及冷负荷的计算。如图4.5所示，改进辐射时间序列方法的计算内容包括3个部分：房间侧得热量计算、辐射末端“负”得热量及冷负荷计算、新风系统冷负荷计算。具体计算步骤如下：

（1）房间侧得热量计算

房间侧得热量包括围护结构传导得热、透过外窗的太阳辐射得热、室内热源得热等。除辐射末端得热，其他类型的房间侧得热量可采用第3章中的方法进行计算。

（2）辐射末端“负”得热量及冷负荷计算

辐射末端“负”得热量可采用响应系数法进行计算。响应系数法常用于求

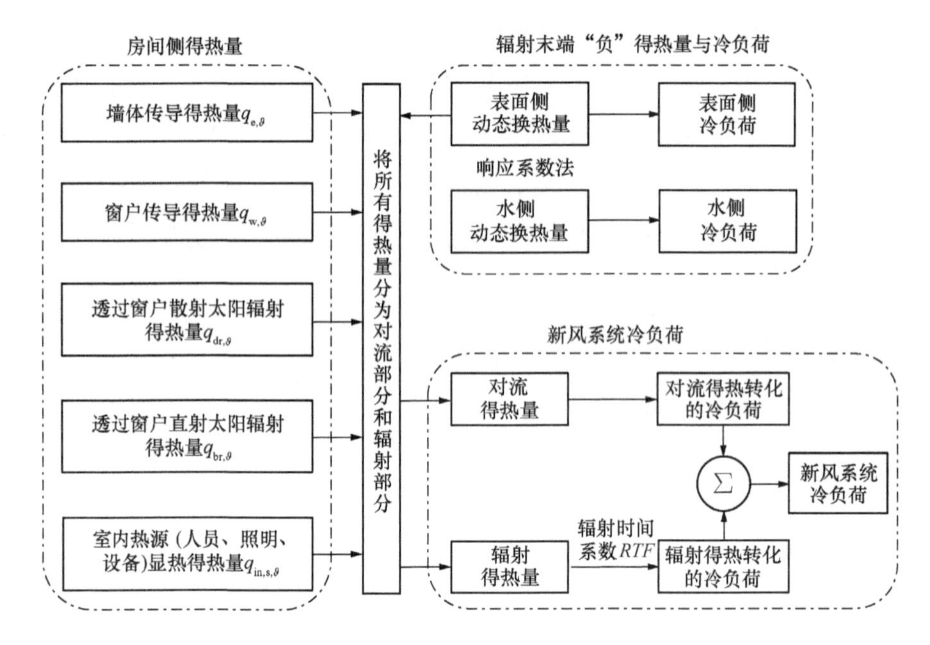

图 4.5　预埋管辐射供冷系统冷负荷计算过程

解建筑围护结构的非稳定传热，围护结构的传热系数 Y 和吸热响应系数 Z 分别为：当墙体一侧边界温度保持为零，另一侧作用一单位温度扰量时，墙体两侧的逐时传热量和吸热量。对于辐射末端，除了地板和顶板两侧边界温度的传热作用，管内冷水是影响其动态换热性能的第 3 个因素。在 3 个因素共同作用下，用于描述辐射末端动态换热的响应系数共需 9 项，如图 4.6 所示。图 4.6(a) 中 T_w 是冷水温度的单位三角波脉冲输入信号，对应的吸热响应系数为 X_w，而输出为传热响应系数 Y_{wf} 和 Y_{wc}。类似地，X_f 和 X_c 是地板侧和顶板侧边界温度 T_f 和 T_c 作用下的吸热响应系数，而 Y_{fw}、Y_{fc}、Y_{cw}、Y_{cf} 是相应的传热响应系数，如图 4.6(b) 和图 4.6(c) 所示。在上述响应系数定义的基础上，地板侧、顶板侧和水侧的传热量可以用式（4.13）~式（4.15）表示[17,18]。

$$q_f(n) = \sum_{j=0}^{n} T_f(n-j)X_f(j) - \sum_{j=0}^{n} T_c(n-j)Y_{cf}(j) - \sum_{j=0}^{n} T_w(n-j)Y_{wf}(j) \tag{4-13}$$

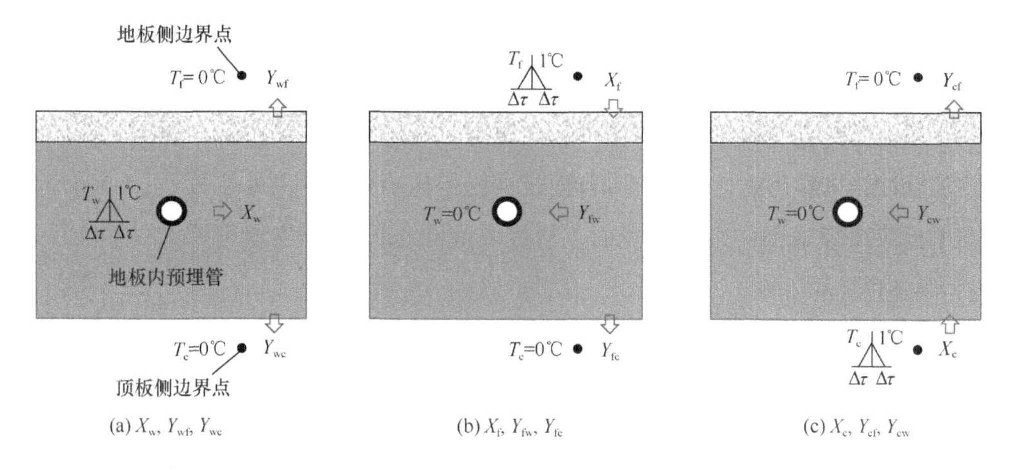

图4.6　辐射末端响应系数定义示意图

$$q_c(n) = \sum_{j=0}^{n} T_c(n-j)X_c(j) - \sum_{j=0}^{n} T_w(n-j)Y_{wc}(j) - \sum_{j=0}^{n} T_f(n-j)Y_{fc}(j) \tag{4-14}$$

$$q_w(n) = \sum_{j=0}^{n} T_w(n-j)X_w(j) - \sum_{j=0}^{n} T_c(n-j)Y_{cw}(j) - \sum_{j=0}^{n} T_f(n-j)Y_{fw}(j) \tag{4-15}$$

式中，q_f——地板表面的动态传热量，W；

q_c——顶板表面的动态传热量，W；

q_w——水侧的动态传热量，W；

T_w——管内供回水平均温度，℃；

T_f——地板侧的边界温度，℃；

T_c——顶板侧的边界温度，℃。

上述边界温度 T_f、T_c为空气温度与平均辐射温度的共同作用温度。对于辐射末端，影响其动态换热性能的因素包括地板和顶板两侧的边界温度，以及管内冷水温度。

对于非标准工况，除了上述3个影响因素，室内额外辐射热可直接作用在辐射末端表面，进而影响辐射末端表面积水侧的传热量。以辐射地板为例，太阳直射辐射可直接被地板表面吸收，从而提高地板表面和水侧的换热量。为描述外界热量对辐射末端传热的影响，下面定义了两个额外的响应系数：

第一个为直接吸热响应系数 W，定义为：当地板或顶板表面上受到一单位三角波脉冲热量作用时，辐射末端背面或水侧的传热量。若额外热量 q_{add} 均匀分布在地板或顶板表面，则地板表面、顶板表面和水侧的换热量可用式（4-16）~式（4-18）计算。

第二个为边界温度修正系数 RT_{f}，定义为：当有单位脉冲热量作用在辐射末端表面时，其表面温度的变化值。因此 RT_{f} 相当于额外热量作用下边界工作温度的修正系数。以辐射地板为例，当额外热量被吸收时，地板表面温度升高，从而降低了地板表面与边界之间的温差，最终降低边界温度引起的传热量。根据 RT_{f} 的定义，修正后的边界温度的变化量 ΔT_{f} 可由式（4-19）和式（4-20）确定。在此基础上，可通过式（4-21）~式（4-23）计算地板表面、顶板表面和水侧的总换热量，它们对应辐射末端表面侧和水侧的冷负荷。辐射末端表面侧冷负荷可用于确定辐射末端敷设面积、管间距等参数，而水侧冷负荷可用于水系统的设计选型。

$$q_{\mathrm{f,var}}(n) = q_{\mathrm{add}} \tag{4-16}$$

$$q_{\mathrm{c,var}}(n) = -\sum_{j=0}^{n} q_{\mathrm{add}}(n-j)W_{\mathrm{c},j}(j) \tag{4-17}$$

$$q_{\mathrm{w,var}}(n) = \sum_{j=0}^{n} q_{\mathrm{add}}(n-j)W_{\mathrm{w},j}(j) \tag{4-18}$$

$$\Delta T_{\mathrm{f}}(n) = \sum_{j=0}^{n} q_{\mathrm{add}}(n-j)RT_{\mathrm{f}}(j) \tag{4-19}$$

$$T'_{\mathrm{f}} = T_{\mathrm{f}} - \Delta T_{\mathrm{f}} \tag{4-20}$$

$$q'_{\mathrm{f}}(n) = q_{\mathrm{f}}(n) + q_{\mathrm{f,var}}(n) \tag{4-21}$$

$$q'_{\mathrm{c}}(n) = q_{\mathrm{c}}(n) + q_{\mathrm{c,var}}(n) \tag{4-22}$$

$$q'_{\mathrm{w}}(n) = q_{\mathrm{w}}(n) + q_{\mathrm{w,var}}(n) \tag{4-23}$$

式中，q_{add}——辐射末端额外得热量，如投射到地板表面的太阳辐射热，W；

$q_{\mathrm{f,var}}$——额外热量作用下地板表面的动态传热量的波动值，W；

$q_{\mathrm{c,var}}$——额外热量作用下顶板表面的动态传热量的波动值，W；

$q_{w,var}$——额外热量作用下水侧的动态传热量的波动值，W；

ΔT_f——额外热量作用下地板表面温度的变化值,℃；

T_f'——额外热量作用下地板表面温度的修正值,℃；

q_f'——额外热量作用下地板表面的动态传热量，W；

q_c'——额外热量作用下顶板表面的动态传热量，W；

q_w'——额外热量作用下水侧的动态传热量，W。

（3）新风系统冷负荷计算

新风系统冷负荷的计算步骤与常规空调辐射时间序列方法类似，具体流程如下：

首先将得热量分解为对流得热和辐射得热两部分。与常规辐射时间序列方法类似，在计算出房间各项得热量（含辐射末端“负”得热）基础上，将其分解为辐射得热和对流得热两部分。其中辐射末端得热量的辐射/对流比例与其表面的辐射换热系数和对流换热系数有关，可通过计算进行分解，而其他类型得热量的分配比例可根据表4.1确定。

进而采用房间辐射时间系数计算新风冷负荷。假设房间对流得热量立即转化为新风冷负荷，而房间辐射得热量首先被房间内墙体、家具等蓄热体吸收，然后经过一定程度的衰减和延迟后再转化为冷负荷，辐射得热转化为冷负荷的过程可通过式（4-5）和式（4-6）的房间辐射时间系数 *RTF* 进行计算。

最后将两部分冷负荷相加即可得到新风系统冷负荷。

参考文献

[1] ASHRAE. ASHRAE Handbook of Fundamentals[M]. Atlanta, GA: American Society of Heating, Refrigerating, and Air Conditioning Engineering, Inc., 2021.

[2] SPITLER J D, FISHER D E, PEDERSEN C O. The radiant time series cooling load calculation procedure[J]. ASHRAE Transactions 103(2), 1997: 503-515.

[3] 陈友明，刘佳明，宁柏松，等. 房间辐射时间序列决策树分类方法研究[J]. 湖南大学学报，2023，50(5)：223-230.

[4] 中华人民共和国住房和城乡建设部．民用建筑供暖通风与空气调节设计规范：GB 50736—2012[S]．北京：中国建筑工业出版社，2012.

[5] 中国建筑标准设计研究院．蒸压加气混凝土砌块建筑构造：03J104[S]．北京：中国计划出版社，2013.

[6] 中国建筑标准设计研究院．砖墙建筑、结构构造：15J101、15G612[S]．北京：中国计划出版社，2015.

[7] 中国建筑标准设计研究院．轻集料空心砌块内隔墙：03J114[S]．北京：中国计划出版社，2003.

[8] 中国建筑标准设计研究院．轻钢龙骨内隔墙：03J111[S]．北京：中国计划出版社，2003.

[9] 柳孝图．建筑物理（第三版）[M]．北京：中国建筑工业出版社，2010.

[10] NEUMAN W L. Social Research Methods：Qualitative and Quantitative Approaches (7th ed) [M]. Allyn & Bacon, 2011.

[11] REN J, CHEN Y M, ZHANG X C, et al. Optimal classification of radiant time series for cooling load calculation of building air - conditioning systems[J]. Energy & Buildings, 2024, 320: 114645.

[12] 赵荣义．空气调节（第四版）[M]．北京：中国建筑工业出版社，2008.

[13] 中华人民共和国住房和城乡建设部，建筑节能与可再生能源利用通用规范：GB 55015—2021[S]．北京：中国建筑工业出版社，2021.

[14] 中华人民共和国住房和城乡建设部．公共建筑节能设计标准：GB 50189—2015[S]．北京：中国建筑工业出版社，2015.

[15] 暖通规范管理组．暖通空调设计规范专题说明选编[M]．北京：中国计划出版社，1990.

[16] 中华人民共和国住房和城乡建设部．民用建筑热工设计规范：GB 50176—2016[S]．北京：中国建筑工业出版社，2012.

[17] NING B S, ZHANG M D, LI J Y, et al. A revised radiant time series method to calculate the cooling load for pipe-embedded radiant system[J]. Energy and Buildings, 2022(268): 1-19.

[18] NING B S, CHEN Y M , JIA H Y. A response factor method to quantify the dynamic performance for pipe-embedded radiant systems[J]. Energy and Buildings, 2021(250): 1-13.

第5章　辐射对流时间序列方法

5.1　概述

空调房间当前时刻各部分得热量进入室内后，以辐射和对流两种形式逐步转换化成当前和后续各时刻的瞬时冷负荷。辐射供冷系统（后文简称辐射系统）中，房间显热得热量最终通过辐射和对流形式传递给辐射顶板或辐射地板（又称辐射末端），再传递给冷却介质（比如冷水），成为系统的瞬时冷负荷。全空气系统的房间得热量中的对流得热量直接成为系统当前时刻的瞬时冷负荷；而辐射系统房间得热量中的对流得热部分被房间表面和辐射末端表面吸收，逐步转化为当前时刻或后续各时刻的瞬时冷负荷。这是辐射系统与全空气系统中冷负荷形成机理的不同之处。针对此，Ning 等人[1]提出了辐射系统设计负荷计算方法——辐射对流时间序列方法（radiant and convective time series method，RCTSM）。

辐射对流时间序列方法计算流程如图 5.1 所示，计算分为 4 步：第一步，计算设计日房间各部分的逐时得热量；第二步，根据各部分得热量的辐射热分配比例，将得热量分成辐射得热量和对流得热量两部分；第三步，计算瞬时冷负荷，用对流时间系数（convective time factors，CTF）将各时刻的对流得热量转化为当前和后续各时刻的瞬时冷负荷；用辐射时间系数（radiant time factors，RTF）将各时刻的辐射得热量转化成当前和后续各时刻的瞬时冷负荷，用非太阳时间系数（non solar RTF）将非太阳辐射得热量转化为瞬时冷负荷，用太阳时间系数（solar RTF）将太阳直射辐射得热量转化为瞬时冷负荷；第四步，将各时刻的瞬时冷负荷相加，得到房间辐射末端瞬时总冷负荷。瞬时总冷负荷的峰值即为该房间辐射

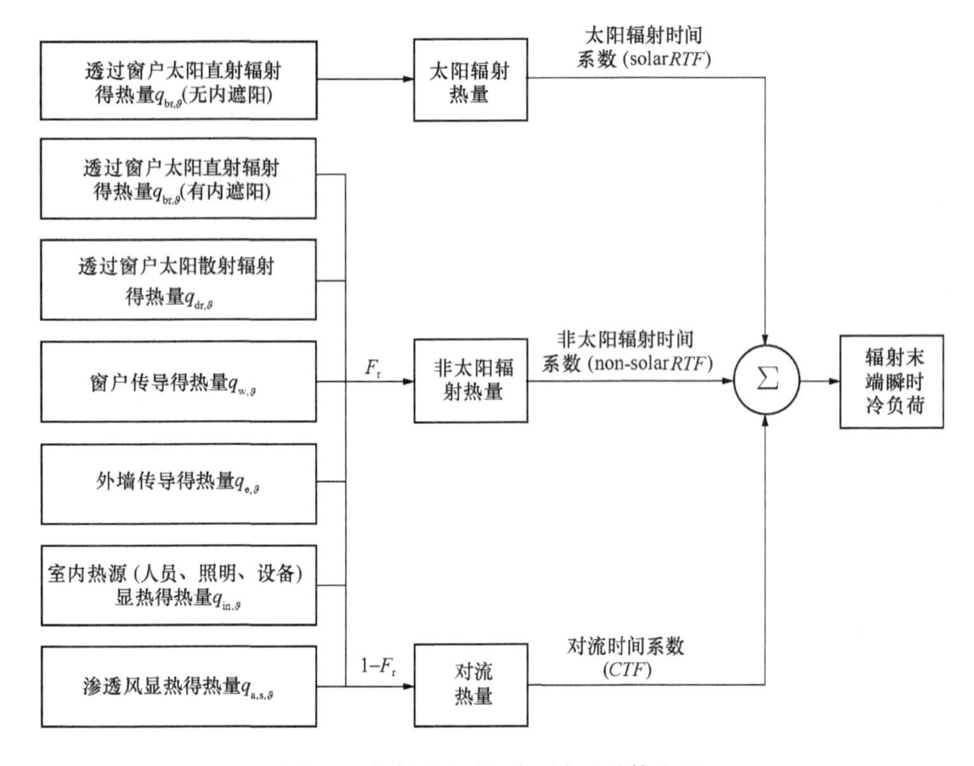

图 5.1　辐射对流时间序列方法计算流程

末端的设计冷负荷。

辐射系统的辐射末端用于消除室内显热得热形成的冷负荷，其新风系统用于消除构成新风系统冷负荷的室内热源产生的潜热负荷、渗透风潜热负荷及新风显热和潜热负荷。房间瞬时总冷负荷为辐射末端瞬时总冷负荷和新风系统瞬时冷负荷之和。

5.2　负荷计算方法

5.2.1　得热量计算与分离

按照第 3 章房间得热计算方法计算房间各部分得热量。按照 4.2.1 节得热分离方法将各部分显热得热量分离为辐射热量和对流热量两部分。对于带有辐射供冷系统的房间，其各部分显热得热的辐射热量和对流热量分配比例，建议使用ASHRAE基础手册推荐的全空气系统房间显热得热的辐射对流热量分配比例，详见表4.1。

5.2.2　辐射末端冷负荷

（1）辐射热量转化的冷负荷

用非太阳辐射时间系数将非太阳辐射热量转化为瞬时冷负荷，按下式计算。

$$Q_{nr,\vartheta} = r_{n,0}q_{nr,\vartheta} + r_{n,1}q_{nr,\vartheta-1} + r_{n,2}q_{nr,\vartheta-2} + \cdots + r_{n,23}q_{nr,\vartheta-23} \tag{5-1}$$

式中，$Q_{nr,\vartheta}$——设计日第ϑ时刻（$\vartheta = 1,2,\cdots,24$）非太阳辐射热量转化的冷负荷，W；

$q_{nr,\vartheta}$——设计日第ϑ时刻（$\vartheta = 1,2,\cdots,24$）非太阳辐射热量，W；

$r_{n,i}$——辐射系统第i个（$i = 0, 1, 2, 3, \cdots, 23$）非太阳辐射时间系数。

用太阳辐射时间系数将太阳辐射热量转化为瞬时冷负荷，按下式计算。

$$Q_{sr,\vartheta} = r_{s,0}q_{sr,\vartheta} + r_{s,1}q_{sr,\vartheta-1} + r_{s,2}q_{sr,\vartheta-2} + \cdots + r_{s,23}q_{sr,\vartheta-23} \tag{5-2}$$

式中，$Q_{sr,\vartheta}$——设计日第ϑ时刻（$\vartheta = 1,2,\cdots,24$）直射辐射热量转化的冷负荷，W；

$q_{sr,\vartheta}$——设计日第ϑ时刻（$\vartheta = 1,2,\cdots,24$）太阳辐射热量，W；

$r_{s,i}$——辐射系统第i个（$i = 0, 1, 2, 3, \cdots, 23$）太阳辐射时间系数。

（2）对流热量转化的冷负荷

用对流时间系数将对流热量转化为瞬时冷负荷，按下式计算。

$$Q_{c,\vartheta} = c_{n,0}q_{c,\vartheta} + c_{n,1}q_{c,\vartheta-1} + c_{n,2}q_{c,\vartheta-2} + \cdots + c_{n,23}q_{c,\vartheta-23} \tag{5-3}$$

式中，$Q_{c,\vartheta}$——设计日第ϑ时刻（$\vartheta = 1,2,\cdots,24$）对流热量转化的冷负荷，W；

$c_{n,i}$——辐射系统第i个（$i = 0, 1, 2, 3, \cdots, 23$）对流时间系数。

设计日第ϑ时刻（$\vartheta = 1,2,\cdots,24$）辐射末端总冷负荷为：

$$Q_{t,\vartheta} = Q_{nr,\vartheta} + Q_{sr,\vartheta} + Q_{c,\vartheta} \tag{5-4}$$

5.2.3 新风系统冷负荷

各时刻潜热量为：

$$q_{1,\vartheta} = \sum_{j=1}^{n_1} q_{j,1,\vartheta} + q_{a,1,\vartheta} \tag{5-5}$$

式中，n_1 ——室内潜热热源数量；

$q_{1,\vartheta}$ ——设计日第 ϑ 时刻（$\vartheta = 1,2,\cdots,24$）潜热热量，W；

$q_{j,1,\vartheta}$ ——设计日第 ϑ 时刻（$\vartheta = 1,2,\cdots,24$）室内第 j 个潜热热源产生的潜热量，W；

$q_{a,1,\vartheta}$ ——设计日第 ϑ 时刻（$\vartheta = 1,2,\cdots,24$）渗透风潜热热量，W。

各时刻潜热冷负荷 $Q_{1,\vartheta}$ 为：

$$Q_{1,\vartheta} = q_{1,\vartheta} \tag{5-6}$$

各时刻新风冷负荷 $Q_{fa,\vartheta}$ 为：

$$Q_{fa,\vartheta} = q_{fa,s,\vartheta} + q_{fa,1,\vartheta} \tag{5-7}$$

式中，$q_{fa,s,\vartheta}$ ——设计日第 ϑ 时刻（$\vartheta = 1,2,\cdots,24$）新风显热量，W；

$q_{fa,1,\vartheta}$ ——设计日第 ϑ 时刻（$\vartheta = 1,2,\cdots,24$）新风潜热量，W。

设计日第 ϑ 时刻（$\vartheta = 1,2,\cdots,24$）新风系统总冷负荷为：

$$Q_{SA,\vartheta} = Q_{1,\vartheta} + Q_{fa,\vartheta} \tag{5-8}$$

5.2.4 房间瞬时总冷负荷

房间各时刻的瞬时总冷负荷为辐射末端瞬时冷负荷与新风系统瞬时冷负荷之和，即

$$Q_{\vartheta} = Q_{t,\vartheta} + Q_{SA,\vartheta} \tag{5-9}$$

5.3　辐射对流时间序列生成方法

5.3.1　生成辐射对流时间序列的热平衡方法

热平衡方法利用房间热平衡计算模型生成辐射对流时间序列[1]。对于带有辐射系统的房间，对房间围护结构各节点、室内空气节点和辐射末端节点建立热平衡方程，联立求解得到24项辐射时间系数和24项对流时间系数。

5.3.2　生成辐射对流时间序列输入条件与计算

影响房间辐射对流时间序列的特征参数主要包括外墙类型、内墙类型、窗户类型、地板类型、顶棚类型、窗墙比、房间尺寸等。在生成辐射对流时间序列时，参照相关文献[2-9]，确定房间和建筑特征参数的取值范围，列于表5.1。

房间特征参数　　表5.1

特征参数	取值范围	特征参数	取值范围
外墙类型	11种典型墙体	窗墙比	0.1～0.9（间隔：0.1）
内墙类型	12种典型墙体	房间进深（m）	3～9（间隔：0.1）
窗户传热系数［$W/(m^2 \cdot K)$］	0.5～6.2，与窗户类型有关	房间宽度（m）	3～9（间隔：0.1）
地板类型	有地毯/无地毯	房间高度（m）	3.5～5.5（间隔：0.1）
顶棚类型	无吊顶/金属板吊顶/石膏板吊顶		

5.3.3　辐射对流时间序列生成

针对辐射供冷系统中的两种主要类型：辐射吊顶供冷系统（radiant cooling panel，RCP）和快速响应（响应时间≤1h）辐射地板供冷系统（radiant floor cooling，RFC），分别生成辐射对流时间序列。辐射吊顶供冷系统房间的顶棚为冷却板（无吊顶），地板 50% 的面积被木制家具覆盖；辐射地板供冷系统的地板未被木制家具覆盖（无地毯）。在计算非太阳辐射时间序列（non-solar radiant time series，non-solar RTS）时，辐射得热均匀分布在房间所有内表面上，经过迭代计算稳定后得到非太阳辐射时间序列；在计算太阳辐射时间序列时，辐射得热仅均匀分布在房间地板上，经过迭代计算稳定后得到太阳辐射时间序列（solar radiant time series，solar RTS）；在计算对流时间序列时，对流得热均匀分布在房间所有内表面上，经过迭代计算稳定后得到对流时间序列（convective time series，CTS）。

利用蒙特卡罗方法从表 5.1 中随机抽取各房间参数对应的类型或值，对外区房间和内区房间分别生成 10 万种房间特征参数组合。利用热平衡方法计算各种房间特征参数组合的辐射对流时间序列，作为辐射对流时间序列分类与代表性辐射对流时间序列提取的数据集。

5.3.4 辐射对流时间序列影响因素与分类优化

影响辐射对流时间序列的房间特征参数包括外墙类型、内墙类型、窗户传热系数、地板类型（仅适用于 RCP）、顶棚类型（仅适用于 RFC）、窗墙比、房间进深、房间宽度和房间高度。用极端梯度提升算法对辐射对流时间序列数据集进行特征参数降维与分类[10]，再利用高斯混合聚类算法提取每一类的代表性辐射时间序列和代表性对流时间序列。

5.3.5 辐射对流时间序列

（1）辐射吊顶供冷系统

带有辐射吊顶供冷系统的外区房间、内区房间非太阳辐射时间序列和对流时间序列分为 12 类，外区房间太阳辐射时间序列分为 8 类。其代表性非太阳辐射时间序列和对流时间序列列于表 5.2 ~ 表 5.5 中，太阳辐射时间序列列于表 5.10中。

辐射吊顶供冷系统代表性非太阳辐射时间序列（外区）　　表 5.2

类别	1	2	3	4	5	6	7	8	9	10	11	12
内墙类型	$S_n<2[W/(m^2·K)]$				$2\leq S_n<6[W/(m^2·K)]$				$S_n\geq 6[W/(m^2·K)]$			
地板类型	有地毯		无地毯		有地毯		无地毯		有地毯		无地毯	
层高	<4	≥4	<4	≥4	<4	≥4	<4	≥4	<4	≥4	<4	≥4
小时(h)	辐射时间系数(%)											
0	61	66	51	56	55	59	48	51	44	46	38	41
1	17	15	20	19	11	10	13	11	17	17	18	18
2	6	6	8	8	5	5	6	6	8	7	9	8
3	4	3	4	4	4	3	4	4	4	4	6	5
4	2	2	3	2	3	2	3	3	3	3	4	3
5	2	2	2	2	2	2	3	3	3	3	3	3
6	2	1	1	1	2	2	2	2	2	2	2	2
7	1	1	1	1	2	2	2	2	2	2	2	2
8	1	1	1	1	2	1	2	2	2	1	2	2
9	1	1	1	1	2	1	2	2	1	1	2	2
10	1	1	1	1	1	1	2	1	1	1	1	1
11	1	1	1	1	1	1	1	1	1	1	1	1
12	1	0	1	1	1	1	1	1	1	1	1	1
13	0	0	1	1	1	1	1	1	1	1	1	1
14	0	0	1	1	1	1	1	1	1	1	1	1
15	0	0	1	0	1	1	1	1	1	1	1	1
16	0	0	1	0	1	1	1	1	1	1	1	1
17	0	0	1	0	1	1	1	1	1	1	1	1
18	0	0	0	0	1	1	1	1	1	1	1	1
19	0	0	0	0	1	1	1	1	1	1	1	1
20	0	0	0	0	1	1	1	1	1	1	1	1
21	0	0	0	0	1	1	1	1	1	1	1	1
22	0	0	0	0	0	1	1	1	1	1	1	1
23	0	0	0	0	0	0	1	1	1	1	1	1

辐射吊顶供冷系统代表性对流时间序列(外区)　　表 5.3

类别	1	2	3	4	5	6	7	8	9	10	11	12
内墙类型	$S_n<2[W/(m^2 \cdot K)]$				$2 \leqslant S_n<6[W/(m^2 \cdot K)]$				$S_n \geqslant 6[W/(m^2 \cdot K)]$			
地板类型	有地毯		无地毯		有地毯		无地毯		有地毯		无地毯	
层高	<4	≥4	<4	≥4	<4	≥4	<4	≥4	<4	≥4	<4	≥4
小时(h)	对流时间系数(%)											
0	136	132	143	139	145	141	150	148	155	153	159	157
1	-16	-16	-22	-17	-13	-12	-15	-19	-11	-13	-14	-16
2	-7	-6	-8	-6	-6	-4	-6	-8	-6	-6	-7	-8
3	-3	-3	-4	-4	-4	-4	-3	-4	-5	-4	-5	-5
4	-2	-2	-2	-3	-3	-2	-3	-3	-3	-3	-4	-4
5	-1	-1	-1	-1	-2	-2	-2	-2	-3	-3	-3	-3
6	-1	-1	-1	-1	-2	-2	-2	-1	-3	-2	-3	-2
7	-1	-1	-1	-1	-1	-2	-2	-1	-2	-2	-2	-2
8	-1	-1	-1	-1	-1	-1	-2	-1	-2	-2	-2	-2
9	-1	-1	-1	-1	-1	-1	-1	-1	-2	-2	-2	-1
10	-1	0	-1	-1	-1	-1	-1	-1	-2	-2	-2	-1
11	-1	0	-1	-1	-1	-1	-1	-1	-2	-2	-2	-1
12	-1	0	0	-1	-1	-1	-1	-1	-2	-1	-2	-1
13	0	0	0	-1	-1	-1	-1	-1	-2	-1	-1	-1
14	0	0	0	0	-1	-1	-1	-1	-1	-1	-1	-1
15	0	0	0	0	-1	-1	-1	-1	-1	-1	-1	-1
16	0	0	0	0	-1	-1	-1	-1	-1	-1	-1	-1
17	0	0	0	0	-1	-1	-1	-1	-1	-1	-1	-1
18	0	0	0	0	-1	-1	-1	0	-1	-1	-1	-1
19	0	0	0	0	-1	-1	-1	0	-1	-1	-1	-1
20	0	0	0	0	-1	-1	-1	0	-1	-1	-1	-1
21	0	0	0	0	-1	0	-1	0	-1	-1	-1	-1
22	0	0	0	0	0	0	-1	0	-1	-1	-1	-1
23	0	0	0	0	0	0	-1	0	-1	-1	-1	-1

辐射吊顶供冷系统代表性非太阳辐射时间序列（内区）　　表 5.4

类别	1	2	3	4	5	6	7	8	9	10	11	12
内墙类型	$S_n<2$[W/(m^2·K)]				$2\leqslant S_n<6$[W/(m^2·K)]				$S_n\geqslant 6$[W/(m^2·K)]			
地板类型	有地毯		无地毯		有地毯		无地毯		有地毯		无地毯	
层高	<4	≥4	<4	≥4	<4	≥4	<4	≥4	<4	≥4	<4	≥4
小时(h)	辐射时间系数(%)											
0	66	70	53	56	55	60	50	52	45	47	39	42
1	18	16	17	23	12	9	13	13	19	17	12	15
2	6	5	8	9	6	4	6	6	9	8	6	7
3	3	3	4	4	4	3	4	4	5	5	4	5
4	2	2	3	2	3	2	3	3	4	3	4	4
5	1	1	2	2	2	2	3	3	3	3	3	3
6	1	1	2	1	2	2	2	2	2	2	3	3
7	1	1	1	1	2	2	2	2	1	2	3	2
8	1	1	1	1	2	2	2	2	1	1	3	2
9	1	0	1	1	1	1	2	2	1	1	2	2
10	0	0	1	0	1	1	1	1	1	1	2	2
11	0	0	1	0	1	1	1	1	1	1	2	1
12	0	0	1	0	1	1	1	1	1	1	2	1
13	0	0	1	0	1	1	1	1	1	1	2	1
14	0	0	1	0	1	1	1	1	1	1	2	1
15	0	0	1	0	1	1	1	1	1	1	2	1
16	0	0	1	0	1	1	1	1	1	1	2	1
17	0	0	1	0	1	1	1	1	1	1	1	1
18	0	0	0	0	1	1	1	1	1	1	1	1
19	0	0	0	0	1	1	1	1	1	1	1	1
20	0	0	0	0	1	1	1	1	0	1	1	1
21	0	0	0	0	0	1	1	0	0	0	1	1
22	0	0	0	0	0	1	1	0	0	0	1	1
23	0	0	0	0	0	0	0	0	0	0	1	1

辐射吊顶供冷系统代表性对流时间序列(内区)　　表 5.5

类别	1	2	3	4	5	6	7	8	9	10	11	12
内墙类型	$S_n<2$[W/(m^2·K)]				$2\leqslant S_n<6$[W/(m^2·K)]				$S_n\geqslant 6$[W/(m^2·K)]			
地板类型	有地毯		无地毯		有地毯		无地毯		有地毯		无地毯	
层高	<4	≥4	<4	≥4	<4	≥4	<4	≥4	<4	≥4	<4	≥4
小时(h)	对流时间系数(%)											
0	134	131	146	141	145	142	148	147	152	150	156	153
1	-18	-15	-16	-22	-12	-9	-13	-13	-11	-16	-11	-14
2	-7	-7	-7	-8	-6	-4	-6	-6	-5	-7	-6	-7
3	-3	-3	-4	-4	-4	-3	-4	-4	-4	-5	-5	-5
4	-2	-2	-3	-2	-3	-3	-3	-3	-3	-3	-3	-3
5	-1	-1	-2	-1	-2	-2	-3	-2	-3	-2	-3	-3
6	-1	-1	-2	-1	-2	-2	-2	-2	-2	-2	-3	-2
7	-1	-1	-2	-1	-2	-2	-2	-2	-2	-2	-2	-2
8	-1	-1	-1	-1	-2	-2	-2	-2	-2	-1	-2	-2
9	0	0	-1	-1	-1	-2	-2	-2	-2	-1	-2	-2
10	0	0	-1	0	-1	-1	-1	-1	-2	-1	-2	-2
11	0	0	-1	0	-1	-1	-1	-1	-2	-1	-2	-1
12	0	0	-1	0	-1	-1	-1	-1	-2	-1	-2	-1
13	0	0	-1	0	-1	-1	-1	-1	-2	-1	-2	-1
14	0	0	-1	0	-1	-1	-1	-1	-1	-1	-2	-1
15	0	0	-1	0	-1	-1	-1	-1	-1	-1	-1	-1
16	0	0	-1	0	-1	-1	-1	-1	-1	-1	-1	-1
17	0	0	-1	0	-1	-1	-1	-1	-1	-1	-1	-1
18	0	0	0	0	-1	-1	-1	-1	-1	-1	-1	-1
19	0	0	0	0	-1	-1	-1	-1	-1	-1	-1	-1
20	0	0	0	0	-1	-1	-1	-1	-1	-1	-1	-1
21	0	0	0	0	0	-1	0	0	-1	0	-1	-1
22	0	0	0	0	0	-1	0	0	-1	0	-1	0
23	0	0	0	0	0	0	0	0	-1	0	-1	0

（2）辐射地板供冷系统

带有辐射地板供冷系统的外区房间与内区房间代表性非太阳辐射时间序列和对流时间序列分为 12 类，外区房间太阳辐射时间序列只有 1 类。其代表性非太阳辐射时间序列和对流时间序列分别列于表 5.6 ~ 表 5.9 中，太阳辐射时间序列于表 5.10 中。

辐射地板供冷系统代表性非太阳辐射时间序列（外区）　　表 5.6

类别	1	2	3	4	5	6	7	8	9	10	11	12
内墙类型	$S_n<2$[W/(m²·K)]				$2\leqslant S_n<6$[W/(m²·K)]				$S_n\geqslant 6$[W/(m²·K)]			
顶棚类型	有吊顶		无吊顶		有吊顶		无吊顶		有吊顶		无吊顶	
层高	<4	≥4	<4	≥4	<4	≥4	<4	≥4	<4	≥4	<4	≥4
小时（h）	辐射时间系数(%)											
0	59	64	49	53	54	58	47	50	41	43	34	37
1	19	18	20	23	19	22	18	19	14	16	13	17
2	7	6	8	9	8	8	7	8	6	7	7	8
3	3	3	5	4	4	4	4	5	5	5	5	5
4	2	2	3	2	2	2	3	3	3	3	5	4
5	2	1	2	1	2	1	2	2	3	3	3	3
6	1	1	2	1	1	1	2	2	3	2	3	3
7	1	1	1	1	1	1	2	1	2	2	3	2
8	1	1	1	1	1	1	2	1	2	2	3	2
9	1	1	1	1	1	1	1	1	2	2	2	2
10	1	1	1	1	1	1	1	1	2	2	2	2
11	1	1	1	1	1	0	1	1	2	2	2	2
12	1	0	1	1	1	0	1	1	2	1	2	2
13	1	0	1	1	1	0	1	1	2	1	2	1
14	0	0	1	0	1	0	1	1	2	1	2	1
15	0	0	1	0	1	0	1	1	1	1	2	1
16	0	0	1	0	1	0	1	1	1	1	2	1
17	0	0	1	0	0	0	1	1	1	1	2	1
18	0	0	0	0	0	0	1	0	1	1	1	1
19	0	0	0	0	0	0	1	0	1	1	1	1
20	0	0	0	0	0	0	1	0	1	1	1	1
21	0	0	0	0	0	0	1	0	1	1	1	1
22	0	0	0	0	0	0	0	0	1	1	1	1
23	0	0	0	0	0	0	0	0	1	0	1	1

辐射地板供冷系统代表性对流时间序列(外区)　　**表 5.7**

类别	1	2	3	4	5	6	7	8	9	10	11	12
内墙类型	$S_n<2$[W/(m²·K)]				$2\leq S_n<6$[W/(m²·K)]				$S_n\geq 6$[W/(m²·K)]			
顶棚类型	有吊顶		无吊顶		有吊顶		无吊顶		有吊顶		无吊顶	
层高	<4	≥4	<4	≥4	<4	≥4	<4	≥4	<4	≥4	<4	≥4
小时(h)	对流时间系数(%)											
0	141	138	149	145	146	143	150	149	155	153	160	158
1	-19	-19	-19	-22	-19	-22	-17	-19	-13	-15	-12	-16
2	-6	-6	-8	-8	-8	-8	-7	-8	-6	-7	-6	-7
3	-3	-3	-4	-4	-4	-4	-4	-4	-4	-4	-4	-5
4	-2	-2	-3	-2	-2	-2	-3	-3	-3	-3	-4	-3
5	-2	-2	-2	-2	-2	-1	-2	-2	-3	-3	-3	-3
6	-2	-1	-2	-1	-1	-1	-2	-2	-2	-2	-3	-2
7	-1	-1	-1	-1	-1	-1	-2	-1	-2	-2	-3	-2
8	-1	-1	-1	-1	-1	-1	-1	-1	-2	-2	-2	-2
9	-1	-1	-1	-1	-1	-1	-1	-1	-2	-2	-2	-2
10	-1	-1	-1	-1	-1	-1	-1	-1	-2	-2	-2	-2
11	-1	-1	-1	-1	-1	-1	-1	-1	-2	-1	-2	-2
12	-1	0	-1	-1	-1	0	-1	-1	-2	-1	-2	-1
13	-1	0	-1	0	-1	0	-1	-1	-2	-1	-2	-1
14	0	0	-1	0	-1	0	-1	-1	-1	-1	-2	-1
15	0	0	-1	0	-1	0	-1	-1	-1	-1	-2	-1
16	0	0	-1	0	-1	0	-1	-1	-1	-1	-2	-1
17	0	0	-1	0	0	0	-1	-1	-1	-1	-1	-1
18	0	0	0	0	0	0	-1	0	-1	-1	-1	-1
19	0	0	0	0	0	0	-1	0	-1	-1	-1	-1
20	0	0	0	0	0	0	-1	0	-1	-1	-1	-1
21	0	0	0	0	0	0	0	0	-1	-1	-1	-1
22	0	0	0	0	0	0	0	0	-1	0	-1	-1
23	0	0	0	0	0	0	0	0	-1	0	-1	-1

辐射地板供冷系统代表性非太阳辐射时间序列(内区)　表5.8

类别	1	2	3	4	5	6	7	8	9	10	11	12
内墙类型	$S_n<2$[W/(m^2·K)]				$2\leq S_n<6$[W/(m^2·K)]				$S_n\geq 6$[W/(m^2·K)]			
顶棚类型	有吊顶		无吊顶		有吊顶		无吊顶		有吊顶		无吊顶	
层高	<4	≥4	<4	≥4	<4	≥4	<4	≥4	<4	≥4	<4	≥4
小时(h)	辐射时间系数(%)											
0	67	72	56	62	60	63	54	56	48	51	41	45
1	21	18	16	14	15	24	20	20	18	19	15	20
2	6	5	6	5	5	7	7	6	7	6	7	7
3	2	2	4	3	3	3	4	3	4	4	5	4
4	1	1	3	2	2	1	2	2	3	3	4	3
5	1	1	2	2	2	1	2	2	2	2	3	3
6	1	1	2	1	2	1	1	1	2	2	3	2
7	1	0	1	1	1	0	1	1	2	2	2	2
8	0	0	1	1	1	0	1	1	2	1	2	2
9	0	0	1	1	1	0	1	1	1	1	2	2
10	0	0	1	1	1	0	1	1	1	1	2	1
11	0	0	1	1	1	0	1	1	1	1	2	1
12	0	0	1	1	1	0	1	1	1	1	2	1
13	0	0	1	1	1	0	1	1	1	1	1	1
14	0	0	1	1	1	0	1	1	1	1	1	1
15	0	0	1	1	1	0	1	1	1	1	1	1
16	0	0	1	1	1	0	1	1	1	1	1	1
17	0	0	1	1	1	0	0	0	1	1	1	1
18	0	0	0	0	0	0	0	0	1	1	1	1
19	0	0	0	0	0	0	0	0	1	0	1	1
20	0	0	0	0	0	0	0	0	1	0	1	0
21	0	0	0	0	0	0	0	0	0	0	1	0
22	0	0	0	0	0	0	0	0	0	0	1	0
23	0	0	0	0	0	0	0	0	0	0	0	0

辐射地板供冷系统代表性对流时间序列(内区)　　表 5.9

类别	1	2	3	4	5	6	7	8	9	10	11	12
内墙类型	$S_n<2$[W/(m^2·K)]				$2\leqslant S_n<6$[W/(m^2·K)]				$S_n\geqslant 6$[W/(m^2·K)]			
顶棚类型	有吊顶		无吊顶		有吊顶		无吊顶		有吊顶		无吊顶	
层高	<4	≥4	<4	≥4	<4	≥4	<4	≥4	<4	≥4	<4	≥4
小时(h)	对流时间系数(%)											
0	136	135	150	146	148	140	153	152	156	155	159	157
1	-21	-20	-16	-16	-16	-23	-20	-21	-17	-18	-12	-16
2	-7	-6	-6	-6	-6	-8	-8	-8	-8	-7	-6	-8
3	-3	-3	-4	-4	-4	-4	-4	-4	-5	-4	-4	-5
4	-1	-1	-3	-3	-3	-2	-3	-3	-4	-3	-4	-3
5	-1	-1	-2	-2	-2	-1	-2	-2	-3	-3	-3	-3
6	-1	-1	-2	-2	-2	-1	-2	-2	-2	-2	-3	-2
7	-1	-1	-2	-1	-2	-1	-1	-1	-2	-2	-3	-2
8	-1	-1	-1	-1	-2	0	-1	-1	-2	-2	-2	-2
9	0	-1	-1	-1	-1	0	-1	-1	-2	-2	-2	-2
10	0	0	-1	-1	-1	0	-1	-1	-2	-1	-2	-2
11	0	0	-1	-1	-1	0	-1	-1	-1	-1	-2	-1
12	0	0	-1	-1	-1	0	-1	-1	-1	-1	-2	-1
13	0	0	-1	-1	-1	0	-1	-1	-1	-1	-2	-1
14	0	0	-1	-1	-1	0	-1	-1	-1	-1	-2	-1
15	0	0	-1	-1	-1	0	-1	-1	-1	-1	-2	-1
16	0	0	-1	-1	-1	0	-1	-1	-1	-1	-1	-1
17	0	0	-1	-1	-1	0	-1	-1	-1	-1	-1	-1
18	0	0	-1	-1	-1	0	-1	-1	-1	-1	-1	-1
19	0	0	-1	-1	-1	0	-1	0	-1	-1	-1	-1
20	0	0	-1	0	0	0	-1	0	0	-1	-1	-1
21	0	0	-1	0	0	0	0	0	0	-1	-1	-1
22	0	0	-1	0	0	0	0	0	0	0	-1	-1
23	0	0	0	0	0	0	0	0	0	0	-1	0

代表性太阳辐射时间序列(外区)　　表 5.10

类别	辐射吊顶供冷系统								辐射地板供冷系统
	1	2	3	4	5	6	7	8	
内墙类型	$S_n<2[W/(m^2\cdot K)]$				$S_n\geqslant 2[W/(m^2\cdot K)]$				
地板类型	有地毯		无地毯		有地毯		无地毯		
层高	<4	≥4	<4	≥4	<4	≥4	<4	≥4	
小时(h)	辐射时间系数(%)								
0	70	75	45	50	61	66	35	42	81
1	11	11	26	24	15	15	29	29	7
2	4	3	8	7	6	7	8	8	4
3	2	2	4	4	4	4	5	4	1
4	1	1	3	3	2	2	4	3	1
5	1	1	2	2	2	1	3	2	1
6	1	1	1	1	1	1	2	1	1
7	1	1	1	1	1	1	2	1	1
8	1	1	1	1	1	1	1	1	1
9	1	1	1	1	1	1	1	1	1
10	1	1	1	1	1	1	1	1	1
11	1	1	1	1	1	0	1	1	0
12	1	1	1	1	1	0	1	1	0
13	1	0	1	1	1	0	1	1	0
14	1	0	1	1	1	0	1	1	0
15	1	0	1	1	1	0	1	1	0
16	1	0	1	0	0	0	1	1	0
17	0	0	1	0	0	0	1	1	0
18	0	0	0	0	0	0	1	0	0
19	0	0	0	0	0	0	1	0	0
20	0	0	0	0	0	0	0	0	0
21	0	0	0	0	0	0	0	0	0
22	0	0	0	0	0	0	0	0	0
23	0	0	0	0	0	0	0	0	0

5.4 冷负荷算例

5.4.1 得热计算与分离

算例房间结构与室内外计算条件、房间各部分得热计算及各部分显热得热分离详见4.4节。本章算例房间与第4章算例房间的唯一区别在于带有辐射吊顶供冷系统，顶棚为辐射冷却板。算例房间设计日24h非太阳辐射热量、太阳辐射热量、对流热量、潜热得热量和新风负荷与第4章的计算结果相同，详见表4.12。

5.4.2 辐射末端冷负荷

根据算例房间结构参数和辐射吊顶供冷系统，确定辐射末端冷负荷计算用非太阳辐射时间序列和对流时间序列为表5.2和5.3中的第9类，太阳辐射序列为表5.10中的第5类。该算例房间的峰值冷负荷出现在设计日10:00，因此以设计日10:00为例进行详细的冷负荷计算，其他时刻的计算过程与10:00的相同。

（1）非太阳辐射冷负荷

10:00的非太阳辐射冷负荷为：

$$
\begin{aligned}
Q_{\mathrm{nr},10} &= r_{\mathrm{n},0}q_{\mathrm{nr},10} + r_{\mathrm{n},1}q_{\mathrm{nr},9} + r_{\mathrm{n},2}q_{\mathrm{nr},8} + r_{\mathrm{n},3}q_{\mathrm{nr},7} + \cdots + r_{n,23}q_{\mathrm{nr},11} \\
&= 0.44\times 223.89 + 0.17\times 231.13 + 0.08\times 235.95 + 0.04\times 231.66 \\
&\quad + 0.03\times 227.92 + 0.03\times 217.45 + 0.02\times 208.61 + 0.02\times 192.13 \\
&\quad + 0.02\times 118.21 + 0.01\times 97.11 + 0.01\times 45.14 + 0.01\times 41.13 \\
&\quad + 0.01\times 40.07 + 0.01\times 39.28 + 0.01\times 38.13 + 0.01\times 37.10 \\
&\quad + 0.01\times 36.18 + 0.01\times 34.99 + 0.01\times 33.97 + 0.01\times 33.14 \\
&\quad + 0.01\times 37.87 + 0.01\times 97.23 + 0.01\times 184.20 + 0.01\times 204.16 \\
&= 176.09\mathrm{W}
\end{aligned}
$$

（2）太阳辐射冷负荷

10:00 的太阳辐射冷负荷为：

$$
\begin{aligned}
Q_{sr,10} &= r_{s,0}q_{sr,10} + r_{s,1}q_{sr,9} + r_{s,2}q_{sr,8} + r_{s,3}q_{sr,7} + \cdots + r_{s,23}q_{sr,11} \\
&= 0.61 \times 375.62 + 0.15 \times 282.88 + 0.06 \times 136.59 + 0.04 \times 19.86 \\
&\quad + 0.02 \times 0 + 0.02 \times 0 + 0.01 \times 0 + 0.01 \times 0 + 0.01 \times 0 \\
&\quad + 0.01 \times 0 + 0.01 \times 0 + 0.01 \times 0 + 0.01 \times 0 + 0.01 \times 0 + 0.01 \times 0 \\
&\quad + 0.01 \times 0 + 0.00 \times 0 + 0.00 \times 0 + 0.00 \times 0 + 0.00 \times 0 + 0.00 \times 18.41 \\
&\quad + 0.00 \times 137.37 + 0.00 \times 301.81 + 0.00 \times 381.65 \\
&= 310.35\text{W}
\end{aligned}
$$

（3）对流冷负荷

10:00 的对流冷负荷为：

$$
\begin{aligned}
Q_{c,10} &= c_{n,0}q_{c,10} + c_{n,1}q_{c,9} + c_{n,2}q_{c,8} + c_{n,3}q_{c,7} + \cdots + c_{n,23}q_{c,\vartheta-11} \\
&= 1.55 \times 455.76 + (-0.11) \times 467.95 + (-0.06) \times 476.10 + (-0.05) \\
&\quad \times 469.63 + (-0.03) \times 463.64 + (-0.03) \times 446.76 + (-0.03) \times 432.34 \\
&\quad + (-0.02) \times 405.69 + (-0.02) \times 188.07 + (-0.02) \times 153.86 + (-0.02) \\
&\quad \times 66.53 + (-0.02) \times 59.58 + (-0.02) \times 57.41 + (-0.02) \times 55.93 \\
&\quad + (-0.01) \times 53.85 + (-0.01) \times 52.06 + (-0.01) \times 50.63 + (-0.01) \\
&\quad \times 48.67 + (-0.01) \times 47.10 + (-0.01) \times 45.94 + (-0.01) \times 54.00 \\
&\quad + (-0.01) \times 153.03 + (-0.01) \times 391.45 + (-0.01) \times 423.87 \\
&= 580.98\text{W}
\end{aligned}
$$

10:00 辐射末端总冷负荷为：

$$
Q_{t,10} = Q_{nr,10} + Q_{sr,10} + Q_{c,10} = 176.09 + 310.35 + 580.98 = 1067.42\text{W}
$$

5.4.3 房间新风系统冷负荷

（1）室内潜热和渗透风潜热负荷

10:00 室内潜热负荷和渗透风潜热负荷为：

$$Q_{1,10} = q_{1,10} = 68\text{W}$$

（2）新风负荷

10:00 新风系统负荷为：

$$Q_{fa,10} = q_{fa,s,10} + q_{fa,1,10} = 76.45 + 227.51 = 303.96\text{W}$$

10:00 新风系统冷负荷为：

$$Q_{SA,10} = Q_{1,10} + Q_{fa,10} = 68 + 303.96 = 371.96\text{W}$$

5.4.4 房间总冷负荷

10:00 总冷负荷为：

$$Q_{10} = Q_{t,10} + Q_{SA,10} = 371.96 + 1067.42 = 1439.38\text{W}$$

算例房间设计日 24h 非太阳辐射热冷负荷、太阳辐射冷负荷、对流冷负荷、室内潜热冷负荷和新风负荷列于表 5.11 中。

表5.11　带有辐射吊顶供冷系统的外区房间冷负荷汇总

时间	非太阳辐射冷负荷					太阳辐射冷负荷			对流冷负荷					室内潜热冷负荷	新风负荷		房间总负荷（W）
	墙体传导辐射热量（W）	窗户传导和太阳散射辐射热量（W）	室内热源辐射热量（W）	非太阳辐射时间系数（%）	非太阳辐射冷负荷（W）	太阳辐射热量（W）	太阳辐射时间系数（%）	太阳辐射冷负荷（W）	墙体传导对流热量（W）	窗户传导和太阳散射对流热量（W）	室内热源对流热量（W）	对流时间系数（%）	对流冷负荷（W）	人员潜热冷负荷（W）	显热负荷（W）	潜热负荷（W）	
1:00	27.15	9.95	0	44	60.67	0	61	8.15	31.87	20.19	0	155	−18.88	0	0	0	49.94
2:00	26.67	9.51	0	17	58.44	0	15	4.39	31.31	19.32	0	−11	−15.63	0	0	0	47.20
3:00	26.13	8.86	0	8	56.86	0	6	1.56	30.67	18.00	0	−6	−14.13	0	0	0	44.29
4:00	25.54	8.43	0	4	55.53	0	4	0.20	29.98	17.12	0	−5	−12.08	0	0	0	43.65
5:00	24.92	8.22	0	3	54.80	0	2	0	29.26	16.68	0	−3	−9.57	0	0	0	45.23
6:00	24.29	13.58	0	3	56.52	18.41	2	11.23	28.51	25.49	0	−3	7.15	0	0	0	74.90
7:00	23.65	37.32	36.26	2	82.64	137.37	1	86.56	27.76	63.53	61.74	−3	164.57	0	0	0	333.77
8:00	23.02	66.94	94.24	2	129.77	301.85	1	205.84	27.03	110.91	253.51	−2	527.70	68.00	59.35	246.87	1237.53
9:00	22.47	87.45	94.24	2	156.49	381.65	1	287.06	26.38	143.98	253.51	−2	550.28	68.00	68.41	237.19	1367.43
10:00	22.11	107.54	94.24	1	176.09	375.62	1	310.35	25.95	176.30	253.51	−2	580.98	68.00	76.45	227.51	1439.38
11:00	22.03	114.86	94.24	1	187.62	282.88	1	266.99	25.86	188.58	253.51	−2	583.66	68.00	84.50	220.25	1411.02
12:00	22.30	119.41	94.24	1	195.78	136.59	1	172.52	26.17	196.42	253.51	−2	585.46	68.00	91.54	212.98	1326.28

续表

时间	非太阳辐射冷负荷					太阳辐射冷负荷			对流冷负荷					室内潜热冷负荷	新风负荷		房间总负荷（W）
	墙体传导辐射热量（W）	窗户传导和太阳散射辐射热量（W）	室内热源辐射热量（W）	非太阳辐射时间系数（%）	非太阳辐射冷负荷（W）	太阳辐射热量（W）	太阳辐射时间系数（%）	太阳辐射冷负荷（W）	墙体传导对流热量（W）	窗户传导和太阳散射对流热量（W）	室内热源对流热量（W）	对流时间系数（%）	对流冷负荷（W）	人员潜热冷负荷（W）	显热负荷（W）	潜热负荷（W）	
13:00	22.89	114.53	94.24	1	198.58	19.86	1	79.83	26.86	189.26	253.51	−2	565.30	68.00	96.57	208.14	1216.42
14:00	23.69	109.99	94.24	1	199.14	0	1	42.21	27.80	182.33	253.51	−2	548.66	68.00	98.58	205.72	1162.31
15:00	24.60	98.61	94.24	1	196.09	0	1	28.22	28.87	164.38	253.51	−1	517.99	68.00	97.58	205.72	1113.60
16:00	25.49	88.88	94.24	1	191.73	0	1	21.33	29.92	148.91	253.51	−1	492.98	68.00	95.57	210.56	1080.17
17:00	26.27	71.62	94.24	1	182.86	0	0	18.11	30.84	121.34	253.51	−1	449.58	68.00	90.54	212.98	1022.07
18:00	26.91	55.04	36.26	1	147.67	0	0	16.74	31.60	94.73	61.74	−1	110.03	0	0	0	274.44
19:00	27.41	33.44	36.26	1	125.14	0	0	16.54	32.18	59.94	61.74	−1	76.61	0	0	0	218.29
20:00	27.76	17.38	0	1	93.33	0	0	16.54	32.58	33.95	0	−1	−47.66	0	0	0	62.21
21:00	27.94	13.19	0	1	78.90	0	0	16.54	32.80	26.78	0	−1	−41.30	0	0	0	54.14
22:00	27.96	12.11	0	1	71.50	0	0	16.36	32.83	24.58	0	−1	−33.63	0	0	0	54.23
23:00	27.82	11.46	0	1	66.89	0	0	14.98	32.66	23.27	0	−1	−26.40	0	0	0	55.47
24:00	27.54	10.59	0	1	63.62	0	0	11.97	32.34	21.51	0	−1	−21.83	0	0	0	53.76

参考文献

[1] NING B S, CHE Y M. A radiant and convective time series method for cooling load calculation of radiant ceiling panel system[J]. Building and Environment 188, 2021: 107411.

[2] ASHRAE. ASHRAE Handbook of Fundamentals. Atlanta, GA: American Society of Heating, Refrigerating, and Air Conditioning Engineering, Inc. , 2021.

[3] 中华人民共和国住房和城乡建设部. 民用建筑热工设计规范: GB 50176—2016[S]. 北京: 中国建筑工业出版社, 2016.

[4] 中华人民共和国住房和城乡建设部. 民用建筑供暖通风与空气调节设计规范: GB 50736—2012[S]. 北京: 中国建筑工业出版社, 2012.

[5] 中华人民共和国住房和城乡建设部. 公共建筑节能设计标准: GB 50189—2015[S]. 北京: 中国建筑工业出版社, 2015.

[6] 中国建筑标准设计研究院. 蒸压加气混凝土砌块建筑构造: 03J104[S]. 北京: 中国计划出版社, 2013.

[7] 中国建筑标准设计研究院. 砖墙建筑、结构构造: 15J101、15G612[S]. 北京: 中国计划出版社, 2015.

[8] 中国建筑标准设计研究院. 轻集料空心砌块内隔墙: 03J114[S]. 北京: 中国计划出版社, 2003.

[9] 中国建筑标准设计研究院. 轻钢龙骨内隔墙: 03J111[S]. 北京: 中国计划出版社, 2003.

[10] ZHANG X C, CHEN Y M, NING B S. Classification of radiant and convection time series for cooling load calculation of radiant cooling systems[J]. Energy & Buildings, 2024, 320: 114804.

附　　录

外墙类型及热工性能指标　　　　**表 A1**

类型	材料名称	厚度 (mm)	密度 (kg/m^3)	导热系数 [W/(m·K)]	热容 [J/(kg·K)]	传热系数 [W/(m^2·K)]	衰减系数	延迟时间 (h)
1	水泥砂浆	20	1800	0.93	1050	0.82	0.17	8.4
	挤塑聚苯板	25	35	0.028	1380			
	水泥砂浆	20	1800	0.93	1050			
	钢筋混凝土	200	2500	1.74	1050			
2	EPS 外保温	40	30	0.042	1380	0.79	0.16	8.3
	水泥砂浆	25	1800	0.93	1050			
	钢筋混凝土	200	2500	1.74	1050			
3	水泥砂浆	20	1800	0.93	1050	0.56	0.34	9.1
	挤塑聚苯保温板	20	30	0.03	1380			
	加气混凝土砌块	200	700	0.22	837			
	水泥砂浆	20	1800	0.93	1050			
4	Low-E	24	1800	3.00	1260	1.02	0.51	7.4
	加气混凝土砌块	200	700	0.25	1050			
5	页岩空心砖	200	1000	0.58	1253	0.61	0.06	15.2
	岩棉	50	70	0.05	1220			
	钢筋混凝土	200	2500	1.74	1050			

续表

类型	材料名称	厚度(mm)	密度(kg/m^3)	导热系数[W/(m·K)]	热容[J/(kg·K)]	传热系数[W/(m^2·K)]	衰减系数	延迟时间(h)
6	加气混凝土砌块	190	700	0.25	1050	1.05	0.56	6.8
	水泥砂浆	20	1800	0.93	1050			
7	涂料面层					0.43	0.19	8.8
	EPS 外保温	80	30	0.042	1380			
	混凝土小型空心砌块	190	1500	0.76	1050			
	水泥砂浆	20	1800	0.93	1050			
8	干挂石材面层					0.39	0.34	7.6
	岩棉	100	70	0.05	1220			
	粉煤灰小型空心砌块	190	800	0.50	1050			
9	EPS 外保温	80	30	0.042	1380	0.46	0.17	8.0
	混凝土墙	200	2500	1.74	1050			
10	水泥砂浆	20	1800	0.93	1050	0.56	0.14	11.1
	EPS 外保温	50	30	0.042	1380			
	聚合物砂浆	13	1800	0.93	837			
	黏土空心砖	240	1500	0.64	879			
	水泥砂浆	20	1800	0.93	1050			
11	石材	20	2800	3.2	920	0.46	0.13	11.8
	岩棉板	80	70	0.05	1220			
	聚合物砂浆	13	1800	0.93	837			
	黏土空心砖	240	1500	0.64	879			
	水泥砂浆	20	1800	0.93	1050			
12	聚合物砂浆	15	1800	0.93	837	0.57	0.18	9.6
	EPS 外保温	50	30	0.042	1380			
	黏土空心砖	240	1500	0.64	879			
13	岩棉	65	70	0.05	1220	0.54	0.14	10.4
	多孔砖	240	1800	0.642	879			

屋面类型及热工性能指标　表 A2

类型	材料名称	厚度 (mm)	密度 (kg/m^3)	导热系数 [W/(m·K)]	热容 [J/(kg·K)]	传热系数 [W/(m^2·K)]	衰减系数	延迟时间 (h)
1	细石混凝土	40	2300	1.51	920	0.49	0.16	12.3
	防水卷材	4	900	0.23	1620			
	水泥砂浆	20	1800	0.93	1050			
	挤塑聚苯板	35	30	0.042	1380			
	水泥砂浆	20	1800	0.93	1050			
	水泥炉渣	20	1000	0.023	920			
	钢筋混凝土	120	2500	1.74	920			
2	细石混凝土	40	2300	1.51	920	0.77	0.27	8.2
	挤塑聚苯板	40	30	0.042	1380			
	水泥砂浆	20	1800	0.93	1050			
	水泥陶粒混凝土	30	1300	0.52	980			
	钢筋混凝土	120	2500	1.74	920			
3	水泥砂浆	30	1800	0.930	1050	0.73	0.16	10.5
	细石钢筋混凝土	40	2300	1.740	837			
	挤塑聚苯板	40	30	0.042	1380			
	防水卷材	4	900	0.23	1620			
	水泥砂浆	20	1800	0.930	1050			
	陶粒混凝土	30	1400	0.700	1050			
	钢筋混凝土	150	2500	1.740	837			
	水泥砂浆	20	1800	0.930	1050			
4	挤塑聚苯板	40	30	0.042	1380	0.81	0.23	7.1
	钢筋混凝土	200	2500	1.74	837			

续表

类型	材料名称	厚度(mm)	密度(kg/m^3)	导热系数[W/(m·K)]	热容[J/(kg·K)]	传热系数[W/(m^2·K)]	衰减系数	延迟时间(h)
5	细石混凝土	40	2300	1.51	920	0.88	0.16	11.6
	水泥砂浆	20	1800	0.93	1050			
	防水卷材	4	400	0.12	1050			
	水泥砂浆	20	1800	0.93	1050			
	粉煤灰陶粒混凝土	80	1700	0.95	1050			
	挤塑聚苯板	30	30	0.042	1380			
	钢筋混凝土	120	2500	1.74	920			
6	防水卷材	4	400	0.12	1050	0.23	0.21	10.5
	干炉渣	30	1000	0.023	920			
	挤塑聚苯板	120	30	0.042	1380			
	混凝土小型空心砌块	120	2500	1.74	1050			
7	水泥砂浆	25	1800	0.930	1050	0.34	0.08	13.4
	挤塑聚苯板	55	30	0.042	1380			
	水泥砂浆	25	1800	0.930	1050			
	水泥焦渣	30	1000	0.023	920			
	钢筋混凝土	120	2500	1.74	920			
	水泥砂浆	25	1800	0.930	1050			
8	细石混凝土	30	2300	1.51	920	0.38	0.32	9.2
	挤塑聚苯板	45	30	0.042	1380			
	水泥焦渣	30	1000	0.023	920			
	钢筋混凝土	100	2500	1.74	920			

外墙周期响应系数 **表 A3**

小时 (h)	外墙编号												
	1	2	3	4	5	6	7	8	9	10	11	12	13
0	0. 0216	0. 0206	0. 0079	0. 0037	0. 0244	0. 0036	0. 0102	0. 0052	0. 0116	0. 0168	0. 0145	0. 0145	0. 0158
1	0. 0213	0. 0215	0. 0072	0. 0057	0. 0234	0. 0071	0. 0100	0. 0057	0. 0123	0. 0160	0. 0139	0. 0138	0. 0151
2	0. 0264	0. 0296	0. 0092	0. 0317	0. 0228	0. 0400	0. 0129	0. 0133	0. 0179	0. 0157	0. 0134	0. 0151	0. 0154
3	0. 0357	0. 0386	0. 0176	0. 0783	0. 0222	0. 0890	0. 0186	0. 0247	0. 0236	0. 0170	0. 0137	0. 0202	0. 0181
4	0. 0429	0. 0436	0. 0288	0. 1094	0. 0220	0. 1167	0. 0229	0. 0309	0. 0263	0. 0201	0. 0153	0. 0262	0. 0221
5	0. 0464	0. 0454	0. 0375	0. 1176	0. 0223	0. 1213	0. 0251	0. 0322	0. 0270	0. 0237	0. 0178	0. 0305	0. 0255
6	0. 0474	0. 0454	0. 0421	0. 1115	0. 0230	0. 1130	0. 0258	0. 0310	0. 0266	0. 0266	0. 0202	0. 0327	0. 0278
7	0. 0469	0. 0445	0. 0432	0. 0990	0. 0240	0. 0994	0. 0256	0. 0288	0. 0258	0. 0286	0. 0221	0. 0335	0. 0290
8	0. 0456	0. 0431	0. 0421	0. 0849	0. 0250	0. 0847	0. 0249	0. 0263	0. 0249	0. 0296	0. 0233	0. 0333	0. 0294
9	0. 0440	0. 0414	0. 0397	0. 0713	0. 0259	0. 0710	0. 0239	0. 0239	0. 0238	0. 0299	0. 0239	0. 0325	0. 0292
10	0. 0422	0. 0397	0. 0367	0. 0593	0. 0267	0. 0589	0. 0228	0. 0217	0. 0227	0. 0298	0. 0241	0. 0313	0. 0287
11	0. 0403	0. 0380	0. 0336	0. 0490	0. 0274	0. 0485	0. 0216	0. 0196	0. 0217	0. 0292	0. 0238	0. 0300	0. 0279
12	0. 0385	0. 0363	0. 0304	0. 0403	0. 0278	0. 0399	0. 0205	0. 0177	0. 0207	0. 0285	0. 0234	0. 0286	0. 0270
13	0. 0367	0. 0346	0. 0274	0. 0331	0. 0281	0. 0327	0. 0193	0. 0160	0. 0197	0. 0275	0. 0228	0. 0271	0. 0260
14	0. 0350	0. 0330	0. 0246	0. 0271	0. 0282	0. 0267	0. 0183	0. 0145	0. 0188	0. 0265	0. 0221	0. 0257	0. 0250
15	0. 0334	0. 0315	0. 0220	0. 0222	0. 0282	0. 0219	0. 0172	0. 0131	0. 0179	0. 0255	0. 0213	0. 0243	0. 0239
16	0. 0318	0. 0301	0. 0197	0. 0182	0. 0280	0. 0179	0. 0163	0. 0118	0. 0170	0. 0244	0. 0205	0. 0230	0. 0229

续表

小时(h)	外墙编号												
	1	2	3	4	5	6	7	8	9	10	11	12	13
17	0.0303	0.0287	0.0176	0.0149	0.0278	0.0146	0.0153	0.0107	0.0162	0.0234	0.0197	0.0217	0.0219
18	0.0288	0.0274	0.0157	0.0122	0.0274	0.0119	0.0145	0.0096	0.0155	0.0223	0.0189	0.0205	0.0209
19	0.0275	0.0261	0.0140	0.0100	0.0270	0.0098	0.0136	0.0087	0.0147	0.0213	0.0181	0.0194	0.0200
20	0.0262	0.0249	0.0125	0.0082	0.0265	0.0080	0.0129	0.0079	0.0140	0.0204	0.0173	0.0183	0.0191
21	0.0249	0.0238	0.0112	0.0067	0.0259	0.0065	0.0121	0.0071	0.0134	0.0194	0.0166	0.0173	0.0182
22	0.0238	0.0227	0.0100	0.0055	0.0254	0.0053	0.0114	0.0064	0.0127	0.0185	0.0159	0.0163	0.0174
23	0.0226	0.0216	0.0089	0.0045	0.0247	0.0043	0.0108	0.0058	0.0121	0.0176	0.0152	0.0154	0.0166
Σ	0.8201	0.7920	0.5595	1.0241	0.6141	1.0526	0.4265	0.3924	0.4570	0.5584	0.4576	0.5714	0.5428

外墙传导时间系数　　表A4

小时(h)	外墙编号												
	1	2	3	4	5	6	7	8	9	10	11	12	13
0	0.0263	0.0260	0.0142	0.0036	0.0397	0.0034	0.0238	0.0133	0.0253	0.0301	0.0317	0.0254	0.0291
1	0.0260	0.0272	0.0129	0.0056	0.0382	0.0067	0.0234	0.0145	0.0269	0.0287	0.0303	0.0242	0.0279
2	0.0322	0.0373	0.0164	0.0310	0.0371	0.0380	0.0303	0.0339	0.0392	0.0281	0.0292	0.0264	0.0283
3	0.0435	0.0487	0.0315	0.0764	0.0362	0.0845	0.0436	0.0629	0.0516	0.0304	0.0299	0.0353	0.0334
4	0.0523	0.0550	0.0515	0.1068	0.0358	0.1109	0.0538	0.0787	0.0575	0.0360	0.0335	0.0458	0.0408
5	0.0566	0.0573	0.0670	0.1149	0.0363	0.1153	0.0589	0.0819	0.0590	0.0424	0.0389	0.0533	0.0471

续表

小时(h)	外墙编号												
	1	2	3	4	5	6	7	8	9	10	11	12	13
6	0. 0578	0. 0573	0. 0752	0. 1089	0. 0375	0. 1073	0. 0605	0. 0789	0. 0583	0. 0476	0. 0442	0. 0573	0. 0512
7	0. 0572	0. 0562	0. 0772	0. 0967	0. 0391	0. 0944	0. 0600	0. 0733	0. 0566	0. 0511	0. 0483	0. 0587	0. 0534
8	0. 0557	0. 0544	0. 0753	0. 0829	0. 0407	0. 0805	0. 0583	0. 0671	0. 0544	0. 0530	0. 0510	0. 0583	0. 0541
9	0. 0536	0. 0523	0. 0710	0. 0696	0. 0422	0. 0675	0. 0560	0. 0610	0. 0521	0. 0536	0. 0523	0. 0569	0. 0538
10	0. 0514	0. 0501	0. 0657	0. 0579	0. 0436	0. 0559	0. 0534	0. 0553	0. 0497	0. 0533	0. 0526	0. 0548	0. 0528
11	0. 0492	0. 0479	0. 0600	0. 0478	0. 0446	0. 0461	0. 0507	0. 0500	0. 0475	0. 0523	0. 0521	0. 0525	0. 0514
12	0. 0469	0. 0458	0. 0543	0. 0393	0. 0453	0. 0379	0. 0480	0. 0452	0. 0452	0. 0510	0. 0511	0. 0500	0. 0497
13	0. 0448	0. 0437	0. 0489	0. 0323	0. 0457	0. 0310	0. 0454	0. 0408	0. 0431	0. 0493	0. 0498	0. 0475	0. 0479
14	0. 0427	0. 0417	0. 0439	0. 0265	0. 0459	0. 0254	0. 0428	0. 0369	0. 0411	0. 0475	0. 0482	0. 0450	0. 0460
15	0. 0407	0. 0398	0. 0393	0. 0217	0. 0459	0. 0208	0. 0404	0. 0333	0. 0391	0. 0456	0. 0465	0. 0426	0. 0441
16	0. 0387	0. 0380	0. 0352	0. 0178	0. 0456	0. 0170	0. 0381	0. 0301	0. 0373	0. 0437	0. 0448	0. 0403	0. 0422
17	0. 0369	0. 0362	0. 0314	0. 0146	0. 0452	0. 0139	0. 0360	0. 0272	0. 0355	0. 0419	0. 0430	0. 0381	0. 0403
18	0. 0352	0. 0346	0. 0281	0. 0119	0. 0446	0. 0113	0. 0339	0. 0245	0. 0338	0. 0400	0. 0413	0. 0359	0. 0386
19	0. 0335	0. 0330	0. 0251	0. 0098	0. 0439	0. 0093	0. 0320	0. 0222	0. 0322	0. 0382	0. 0395	0. 0339	0. 0368
20	0. 0319	0. 0314	0. 0224	0. 0080	0. 0431	0. 0076	0. 0302	0. 0200	0. 0307	0. 0365	0. 0379	0. 0320	0. 0351
21	0. 0304	0. 0300	0. 0199	0. 0065	0. 0422	0. 0062	0. 0284	0. 0181	0. 0293	0. 0348	0. 0362	0. 0303	0. 0335
22	0. 0290	0. 0286	0. 0178	0. 0053	0. 0413	0. 0051	0. 0268	0. 0163	0. 0279	0. 0332	0. 0347	0. 0286	0. 0320
23	0. 0276	0. 0273	0. 0159	0. 0044	0. 0403	0. 0041	0. 0253	0. 0147	0. 0266	0. 0316	0. 0331	0. 0270	0. 0305

屋面周期响应系数　　表 A5

小时(h)	屋面编号							
	1	2	3	4	5	6	7	8
0	0.0143	0.0139	0.0216	0.0159	0.0246	0.0052	0.0123	0.0057
1	0.0133	0.0147	0.0207	0.0243	0.0230	0.0049	0.0118	0.0053
2	0.0127	0.0242	0.0208	0.0433	0.0227	0.0049	0.0114	0.0071
3	0.0135	0.0382	0.0235	0.0530	0.0257	0.0064	0.0113	0.0128
4	0.0155	0.0482	0.0279	0.0550	0.0307	0.0088	0.0118	0.0195
5	0.0181	0.0529	0.0322	0.0537	0.0360	0.0109	0.0126	0.0245
6	0.0208	0.0537	0.0355	0.0512	0.0404	0.0123	0.0135	0.0272
7	0.0230	0.0522	0.0377	0.0483	0.0437	0.0132	0.0144	0.0280
8	0.0248	0.0495	0.0389	0.0454	0.0459	0.0135	0.0151	0.0276
9	0.0259	0.0464	0.0392	0.0425	0.0471	0.0135	0.0156	0.0263
10	0.0266	0.0432	0.0389	0.0398	0.0475	0.0133	0.0160	0.0246
11	0.0268	0.0400	0.0382	0.0373	0.0472	0.0128	0.0162	0.0227
12	0.0266	0.0369	0.0371	0.0349	0.0465	0.0123	0.0163	0.0208
13	0.0261	0.0341	0.0359	0.0327	0.0453	0.0117	0.0163	0.0189
14	0.0254	0.0314	0.0345	0.0306	0.0438	0.0110	0.0161	0.0171
15	0.0245	0.0290	0.0331	0.0287	0.0421	0.0103	0.0159	0.0154
16	0.0235	0.0267	0.0317	0.0268	0.0402	0.0097	0.0157	0.0138
17	0.0224	0.0246	0.0303	0.0251	0.0382	0.0090	0.0153	0.0124
18	0.0212	0.0227	0.0289	0.0235	0.0362	0.0084	0.0150	0.0111
19	0.0200	0.0209	0.0276	0.0220	0.0342	0.0078	0.0146	0.0100
20	0.0188	0.0193	0.0263	0.0206	0.0322	0.0072	0.0141	0.0089
21	0.0176	0.0178	0.0251	0.0193	0.0302	0.0067	0.0137	0.0080
22	0.0165	0.0164	0.0239	0.0181	0.0283	0.0062	0.0132	0.0071
23	0.0154	0.0151	0.0227	0.0169	0.0264	0.0057	0.0128	0.0064
Σ	0.4933	0.7719	0.7323	0.8092	0.8781	0.2256	0.3411	0.3814

屋面传导时间系数　表 A6

小时 (h)	屋面编号							
	1	2	3	4	5	6	7	8
0	0. 0290	0. 0180	0. 0296	0. 0196	0. 0280	0. 0232	0. 0360	0. 0150
1	0. 0270	0. 0190	0. 0282	0. 0300	0. 0262	0. 0215	0. 0346	0. 0138
2	0. 0258	0. 0314	0. 0284	0. 0535	0. 0259	0. 0219	0. 0334	0. 0186
3	0. 0273	0. 0495	0. 0321	0. 0656	0. 0293	0. 0285	0. 0332	0. 0337
4	0. 0314	0. 0624	0. 0380	0. 0680	0. 0350	0. 0389	0. 0345	0. 0512
5	0. 0368	0. 0685	0. 0439	0. 0664	0. 0410	0. 0482	0. 0370	0. 0642
6	0. 0421	0. 0695	0. 0485	0. 0632	0. 0460	0. 0547	0. 0397	0. 0713
7	0. 0467	0. 0676	0. 0515	0. 0597	0. 0498	0. 0584	0. 0422	0. 0735
8	0. 0502	0. 0642	0. 0531	0. 0560	0. 0523	0. 0600	0. 0443	0. 0723
9	0. 0526	0. 0601	0. 0536	0. 0525	0. 0537	0. 0600	0. 0459	0. 0690
10	0. 0539	0. 0559	0. 0531	0. 0492	0. 0541	0. 0588	0. 0469	0. 0646
11	0. 0543	0. 0518	0. 0521	0. 0461	0. 0538	0. 0569	0. 0476	0. 0596
12	0. 0540	0. 0479	0. 0507	0. 0432	0. 0529	0. 0544	0. 0478	0. 0545
13	0. 0530	0. 0442	0. 0490	0. 0404	0. 0516	0. 0517	0. 0477	0. 0495
14	0. 0515	0. 0407	0. 0472	0. 0379	0. 0499	0. 0488	0. 0473	0. 0448
15	0. 0497	0. 0376	0. 0452	0. 0354	0. 0479	0. 0458	0. 0467	0. 0404
16	0. 0476	0. 0346	0. 0433	0. 0332	0. 0458	0. 0428	0. 0459	0. 0363
17	0. 0453	0. 0319	0. 0414	0. 0311	0. 0435	0. 0399	0. 0450	0. 0326
18	0. 0429	0. 0294	0. 0395	0. 0291	0. 0413	0. 0371	0. 0439	0. 0292
19	0. 0405	0. 0271	0. 0377	0. 0272	0. 0389	0. 0345	0. 0427	0. 0262
20	0. 0381	0. 0250	0. 0359	0. 0255	0. 0366	0. 0319	0. 0414	0. 0234
21	0. 0357	0. 0230	0. 0342	0. 0239	0. 0344	0. 0295	0. 0401	0. 0209
22	0. 0334	0. 0212	0. 0326	0. 0224	0. 0322	0. 0273	0. 0388	0. 0187
23	0. 0312	0. 0195	0. 0311	0. 0209	0. 0301	0. 0252	0. 0374	0. 0168

内墙类型及热工性能指标　**表 A7**

内墙类型	类型编号	材料名称	厚度(mm)	密度(kg/m^3)	导热系数[W/(m·K)]	热阻[(m^2·K)/W]	比热[J/(kg·K)]	内表面蓄热系数[W/(m^2·K)]
砖墙	1	石灰石膏砂浆	20	1500	0.76	1.32	1050	10.05
		普通砖砌体	120	1800	0.81	1.23	1050	
		石灰石膏砂浆	20	1500	0.76	1.32	1050	
	2	石灰石膏砂浆	20	1500	0.76	1.32	1050	10.05
		普通砖砌体	180	1800	0.81	1.23	1050	
		石灰石膏砂浆	20	1500	0.76	1.32	1050	
	3	石灰石膏砂浆	20	1500	0.76	1.32	1050	8.39
		黏土空心砖	120	1500	0.64	1.56	879	
		石灰石膏砂浆	20	1500	0.76	1.32	1050	
	4	石灰石膏砂浆	20	1500	0.76	1.32	1050	8.39
		黏土空心砖	180	1500	0.64	1.56	879	
		石灰石膏砂浆	20	1500	0.76	1.32	1050	
轻集料内隔墙	5	石灰石膏砂浆	20	1500	0.76	1.32	1050	6.82
		粉煤灰空心砌块	120	800	0.50	2.00	1050	
		石灰石膏砂浆	20	1500	0.76	1.32	1050	
	6	石灰石膏砂浆	20	1500	0.76	1.32	1050	6.82
		粉煤灰空心砌块	180	800	0.50	2.00	1050	
		石灰石膏砂浆	20	1500	0.76	1.32	1050	
蒸压加气混凝土隔墙	7	石灰石膏砂浆	20	1500	0.76	1.32	1050	5.59
		蒸压加气混凝土	120	700	0.28	3.57	1050	
		石灰石膏砂浆	20	1500	0.76	1.32	1050	

续表

内墙类型	类型编号	材料名称	厚度 (mm)	密度 (kg/m^3)	导热系数 [W/(m·K)]	热阻 [(m^2·K)/W]	比热 [J/(kg·K)]	内表面蓄热系数 [W/(m^2·K)]
蒸压加气混凝土隔墙	8	石灰石膏砂浆	20	1500	0. 76	1. 32	1050	5. 59
		蒸压加气混凝土	180	700	0. 28	3. 57	1050	
		石灰石膏砂浆	20	1500	0. 76	1. 32	1050	
	9	石灰石膏砂浆	20	1500	0. 76	1. 32	1050	4. 71
		蒸压加气混凝土	120	500	0. 2	5. 00	1050	
		石灰石膏砂浆	20	1500	0. 76	1. 32	1050	
	10	石灰石膏砂浆	20	1500	0. 76	1. 32	1050	4. 71
		蒸压加气混凝土	180	500	0. 2	5. 00	1050	
		石灰石膏砂浆	20	1500	0. 76	1. 32	1050	
轻钢龙骨内隔墙	11	石膏板	10	1050	0. 33	0. 03	1050	1. 5
		轻钢龙骨	15	1. 2	1	0. 02	1010	
		石膏板	10	1050	0. 33	0. 03	1050	
	12	石膏板	10	1050	0. 33	0. 03	1050	1. 49
		轻钢龙骨	10	1. 2	0. 67	0. 01	1010	
		石膏板	10	1050	0. 33	0. 03	1050